U0157640

土壤斥水化
及其工程性质研究

吴珺华　龚永康　万　灵　著

中国建筑工业出版社

图书在版编目（CIP）数据

土壤斥水化及其工程性质研究 / 吴珺华，龚永康，
万灵著. — 北京：中国建筑工业出版社，2024.4
ISBN 978-7-112-29742-9

Ⅰ. ①土… Ⅱ. ①吴… ②龚… ③万… Ⅲ. ①防渗工
程 Ⅳ. ①TU761.1

中国国家版本馆 CIP 数据核字（2024）第 073413 号

土壤亲水性造成的工程问题十分普遍，如强度降低、渗透破坏等。因此开展土壤斥水化相关研究，对认识和揭示土壤土水特性有着重要意义。本书通过开展土壤斥水化及其工程性质相关试验研究，可为防渗工程设计提供理论基础，同时为斥水性土壤的工程应用提供参考，有助于推动土木、水利工程等学科与其他学科的共同发展。

全书共分 7 章，主要包括绪论、斥水土壤制备与斥水度评价、斥水土壤物理性质试验研究、斥水土壤渗流特性试验研究、斥水土壤强度特性试验研究、膨胀土斥水化及其工程性质试验研究及斥水土壤生态护坡技术试验研究等相关研究。

本书可供土木、水利、土壤、农业等领域从事科研、设计的研究人员参考，也可作为高等院校土木工程等相关专业研究的参考书。

责任编辑：杨　允　李静伟
责任校对：张　颖

土壤斥水化及其工程性质研究

吴珺华　龚永康　万　灵　著

*

中国建筑工业出版社出版、发行（北京海淀三里河路 9 号）

各地新华书店、建筑书店经销

国排高科（北京）信息技术有限公司制版

建工社（河北）印刷有限公司印刷

*

开本：787 毫米×1092 毫米　1/16　印张：10　字数：243 千字

2024 年 5 月第一版　　2024 年 5 月第一次印刷

定价：49.00 元

ISBN 978-7-112-29742-9

（42708）

前　言

FOREWORD

天然土壤由矿物颗粒、孔隙水和孔隙气三相组成。其中绝大多数矿物与水亲和力较好，因此自然界中的土壤大部分表现为亲水性。水的反复作用导致土壤性质恶化，工程事故频发。目前常用防水措施只是将部分土壤与水隔离，并未改变土壤亲水性的内在本质，防渗长期性无法保证。首先，如果采用技术手段对土壤进行处理，使其由亲水性变为斥水性，那么受水分变化影响而带来的工程性质恶化可以避免；其次，由于水无法轻易渗入土壤孔隙内部，渗流也就不易发生，进而由渗流引起的工程问题就不易出现，部分防渗措施可不必采用，降低工程造价；再次，斥水化的土壤可直接作为一种防渗材料应用于工程。此外，斥水性土壤可采用工程弃土重新利用，使其成为再生资源，同时亦可减小环境污染和堆积占地问题等。随着我国"一带一路"倡议的逐步实施，诸多关联地区将不可避免地遇到与水有关的工程问题，这些都涉及土壤的渗流特性及水土相互作用问题。上述问题如果能得到有效解决，无疑为解决由水土作用产生的不良工程问题提供新的思路，可为防渗工程设计提供理论基础，同时为斥水性土壤的工程应用提供科学依据，并有助于推动土木、水利工程等学科与其他学科的共同发展，具有重要的社会价值、工程意义和经济效益。

本书是在作者近年来针对土壤斥水化及其工程性质方面研究成果的基础上撰写而成，代表了作者所在团队在这方面的主要研究成果。本书共分7章，分别从斥水土壤制备与斥水度评价、斥水土壤物理性质与影响因素试验、斥水土壤渗流特性试验、斥水土壤强度特性试验、膨胀土斥水化及其工程性质试验及斥水土壤生态护坡技术试验等几方面开展了系统研究。研究成果可为防渗工程设计提供理论基础，同时为斥水性土壤的推广应用提供重要依据。

本书是由南昌航空大学土木建筑学院吴珺华、万灵和中交上海航道勘察设计研究院有限公司龚永康共同撰写完成。研究过程中，南昌航空大学土木建筑学院硕士生周晓宇、林辉、王茂胜、刘嘉铭、敖炜超、付芳远等开展了大量的试验工作，部分研究成果是他们工作的总结和提炼；南昌航空大学土木工程实验中心喻勇实验师在试验过程中给予了大量指导和帮助；南昌航空大学土木建筑学院硕士生许婧楠在论文编排过程中付出了辛勤劳动，在此一并感谢！

本书研究工作得到了国家自然科学基金（51869013）、江西省自然科学基金项目（20181BAB216033）、水利部土石坝破坏机理与防控技术重点实验室开放基金（YK321013）、水利水运工程教育部重点实验室开放基金（SLK2021A05）和江西省装配式建筑与智能建造重点实验室开放基金（HK20221010）等的资助，在此表示衷心感谢！感谢南京瑞迪建设科技有限公司赵士文总工、安徽省水利部淮委水利科学研究院徐海波高工和北部湾大学杨松教授对研究工作的支持和帮助！本书出版过程中还得到了"南昌航空大学学术专著出版资助基金"的资助，感谢南昌航空大学对本书出版的大力支持！

由于作者水平有限，书中难免存在不足之处，恳请读者批评指正！

吴珺华

目　录
CONTENTS

第 1 章

绪　论

1.1　概述

1.1.1　斥水土壤

在地球表面分布最为广泛的是非饱和土。非饱和土是一种由固相（土颗粒）、液相（孔隙水）和气相（孔隙气）组成的三相土。不仅在远离海洋的干旱或半干旱地区，就算在海洋、湖泊附近的土层也可能存在非饱和状态（非饱和含气层）。非饱和土所占据的广大地区是世界上 60%的人口和国家长期生活的区域，其不仅是工程技术人员研究的重要对象，也是环境保护人员的主要研究对象，因此研究非饱和土的基本性质有着非常重要的意义。

非饱和土最基本的一个特征是其液相的压力小于外界气压力，反映了非饱和土中气相与液相之间收缩膜与固相作用的结果。自然界中大部分土是岩石风化的产物，其组成矿物绝大部分与水具有较强的亲和力，因此自然界中的土大多表现为亲水性。然而，有些土壤后期受到多重因素的影响，其亲水性减弱消失甚至出现与水相斥的特性，这类土壤称为斥水土壤，如完全干燥致密砂土表面具有斥水性（图 1.1-1）和降雨后砂质土壤内的斥水现象（图 1.1-2）。宏观上来看，斥水土壤主要表现为其"吸水"能力减弱消失，水滴能长期滞留于土壤表面。由于斥水土壤的该典型特性，因此在土壤农业领域关于斥水土壤的研究较早，重点开展斥水性对土壤渗流及其对农作物生长的影响。在土木、水利、交通等工程领域，斥水土壤并不常见，研究成果相对较少，即便出现也是重点关注其力学和变形性能，往往忽略其斥水性。因此，斥水土壤的研究目前仍处于快速发展期，开展斥水土壤相关研究势在必行。

图 1.1-1　完全干燥致密细砂表面的斥水现象　图 1.1-2　降雨后砂质土壤内的斥水性现象

1.1.2　研究背景与意义

随着人类活动和工程建设的大规模发展，由土的亲水性引发的工程问题愈来愈凸显，新技术、新工艺、新材料、新产品成为我国地下工程、水利工程、道路工程、建筑工程等基础建设所面临的难点，尤其在多雨地区工程建设中的防渗技术还存在很大不足。例如：（1）混凝防渗、高压喷射等造成大量的浪费及 CO_2 排放量过高等环境污染。（2）施工技术复杂，易造成防渗不紧密，工程事故时常发生。（3）防渗技术单一，不满足现工程建设要求，造成地基防渗不够、工程坍塌等问题。雨水通过孔隙渗入土壤中，亲水土壤迅速吸收水分，进行横向或竖向扩散，使周围土体吸水趋向饱和土状态。饱和土具有高含水量、低强度、压缩性高等不易于工程建设的特性。这些特性易造成地基承载力不足，堤坝防渗机构不稳定，路堤塌方、失稳以及桥台破坏等问题，如临汾市洪洞县曲亭水库出现大流量漏水事件，水库塌陷约300m，大量水流贯通水库，冲击附近建筑物，造成数条运输路线停运及建筑破坏等重大经济损失。如何有效采取合理、安全、环保方法进行工程防渗技术处理已成为我国工程建设上的一个重要问题。

20世纪50年代初，我国在成渝铁路工程建设中首次遇到膨胀土因吸胀失缩带来的危害问题，20世纪60年代后的一些水利工程、铁路干线以及工业与民用建筑物等的修建和运行中也普遍出现破坏现象。云南思江公路沿线因降雨入渗，诱发大量黏土边坡失稳。在雨水长期作用下，边坡容易出现溜滑和滑坡等破坏现象。边坡表层黏土处于非饱和状态，雨水入渗导致湿润锋不断下移，黏土饱和度增大，基质吸力减小，从而削弱了其抗剪强度。长时间降雨容易使雨水在边坡内呈流动状态，加大了边坡下滑和破坏。水流过亲水性土中孔隙的现象称为渗流，水在水头差的作用下流经土中孔隙产生渗透力，易出现管涌、流土等渗透破坏现象；孔隙水的排出和流入导致土体孔隙重新分布，产生渗透变形，土体内部应力重新调整，易出现地面变形、边坡失稳等工程灾害；挡水工程中水的渗流会造成水量损失；滨海地区开采地下水导致海水入侵现象；污水渗流会引起地表水和地下水的污染等。这些都是由于土壤具有较好的亲水性，在水头差作用下水能够在土孔隙中自由流动，导致上述工程问题的出现，其对建筑物有严重的破坏作用。

土壤的亲水性会引起其强度和变形性质的共同改变，由土壤的亲水性所导致的工程问题十分普遍，但传统方式并不在于如何减小土壤的亲水性，而是从土的渗透性质出发，通过减小土的渗透系数、降低水头差、采用防渗材料等技术手段来解决相应的工程问题。目前，虽然施工工艺及防渗材料得到了快速发展，但是本质上并未改变土体的亲水性，一旦防渗结构出现问题，雨水将快速侵入并迅速扩散至深层，易出现管涌、土壤流失、工程坍塌等渗透破坏现象。换言之，土颗粒本身的亲水性未得到改变，渗流仍然持续发生在土体内部。如果能够通过技术手段对土颗粒进行处理以增大其表面接触角，使其由较强亲水性变为弱亲水性甚至斥水性，那么水就无法轻易渗入土体孔隙内部，渗流也就不易发生，进而由渗流引起的工程问题就不易出现。另外，斥水土壤孔隙内部的水无法轻易溢出外部，土的保水性可以大大提高，对一些需要土体保水富水的工程而言大有益处。斥水性土壤可采用部分工程弃土通过技术手段加以重新利用，使其成为再生土资源，变废为宝，同时亦可减小环境污染和堆积占地等。因此斥水土壤的研究并应用于防渗工程中，能够在本质上有效的阻碍水分渗透扩散，具有重要的经济效益及工程意义。随着我国"一带一路"倡议的逐步实施，诸多关联地区将不可避免地遇到工程安全问题，如滑坡、管涌和流土、地面沉降、污水污染等，这些都涉及土的工程性质问题。上述问题如果能得到有效解决，无疑对解决由渗流引起的工程问题提供新的思路，为斥水性土壤应用于土木水利工程领域提供科学参考，有助于推动土壤科学和土木水利工程科学的共同发展，加大学科之间的交叉和应用，为相关学科的发展提供科学依据，具有重要的经济社会效益和工程意义。

1.2 材料润湿性

1.2.1 润湿

湿润是固体表面上的气体被液体取代的过程。在一定的温度和压力下，湿润的程度可用湿润过程吉布斯自由能的改变量来衡量。吉布斯自由能减少得越多，则越易被湿润。液体对固体的湿润作用大小主要取决于固体-液体和液体-液体的分子吸引力大小。当液体-固体之间分子吸引力大于液体本身分子间吸引力时，便产生了湿润现象，反之则表现为排斥。由于非饱和土中固-液-气三相同时存在，固-液、液-液和气-液的表面张力对水气交界面的几何形状和力学性质有重要影响。目前表面张力测定方法可分为静态法和动态法。静态法主要包括毛细管上升法、DuNouy 吊环法、Wilhelmy 平板法、旋滴法、悬滴法、滴体积法和最大气泡压力法等；动态法主要包括旋滴法、震荡射流法和悬滴法等。

在材料学、分子化学、土壤学和农业学等领域，通常用接触角和滚动角来衡量固-液-气三相相互作用和影响程度。将水滴在固体表面上，液体并不完全展开而是形成球状或半球状的液滴，其边缘与固体表面成一角度，即为接触角 δ（图 1.2-1）。依据接触角特性可知：（1）当 $\delta > 90°$ 时，固体

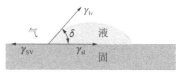

图 1.2-1 接触角示意图

表面表现出疏水性，液体不易润湿固体，容易在表面上移动；（2）当 $\delta < 90°$ 时，固体表面表现出亲水性，液体更易润湿固体。进一步的有：（1）当 $\delta = 180°$ 时，完全不润湿；（2）当 $\delta > 90°$ 时，不润湿；（3）当 $\delta = 90°$ 时，是润湿与否的分界线；（4）当 $\delta < 90°$ 时，部分润湿；（5）当 $\delta = 0°$ 时，完全润湿。一般来讲，接触角小于 90° 时，说明液体能润湿固体，宏观上表现为亲水，如水在洁净的玻璃表面；接触角大于 90° 时，说明液体不能润湿固体，宏观上表现为斥水，如水在天然荷叶表面（图 1.2-2）。接触角越小，亲水性越强。有研究表明，斥水性强并不意味着吸水性差。如玫瑰花瓣，其表面斥水性很强，但能与水黏滞不滴落，即吸水性很好。可以这样认为：接触角大小表征的是材料初期疏水性，而吸水率表征的是材料长期吸水性能。

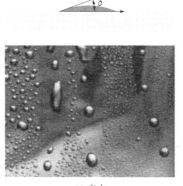

(a) 亲水　　　　　　　　　　　　　(b) 斥水

图 1.2-2 亲水与斥水效果示意图

滚动法也是一种测量材料表面润湿性的常见方法，滚动角是指液滴在倾斜表面上刚好发生滚动时，倾斜表面与水平面所形成的临界角度（图 1.2-3）。滚动角α与前进角θ_a、后退角θ_r的定量关系为：

$$mg \sin \alpha / \omega = \gamma(\cos \theta_r - \cos \theta_a) \tag{1.2-1}$$

式中：m——液滴质量；

$\quad g$——重力加速度；

$\quad \omega$——液滴直径（水滴与表面间的接触面在垂直滚动方向上的宽度）；

$\quad \gamma$——液滴表面张力。

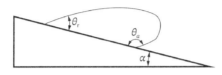

图 1.2-3　滚动角α示意图

现有接触角理论模型主要有 Young's 模型、Wenzel 粗糙因子润湿模型和 Cassie-Baxter 模型。1805 年 Young 和 Laplace 发现界面能正比于界面分子（或原子）数。在重力影响可以忽略时，液体在空气中总是成标准的球形，而且即使液滴在与固体表面接触时，其液-气界面也尽可能保持球冠状，以使界面分子（或原子）数最小化，这就使得系统的能量最小化。当液滴在固体表面处于平衡状态时，只要测量出接触角的大小，就可以对系统进行完整的描述。Young 还揭示了当液滴在理想固体表面上处于平衡状态时，各界面张力与本征接触角之间的关系：

$$\gamma_{lv} \cos \delta = \gamma_{sv} - \gamma_{sl} \tag{1.2-2}$$

式中：$\quad \delta$——本征接触角；

γ_{sv}、γ_{lv}、γ_{sl}——分别表示固-气表面张力、液-气表面张力及固-液表面张力。

式(1.2-2)即为经典的 Young's 模型。可以看出，若$\gamma_{sv} < \gamma_{sl}$，则$\cos \delta < 0$，此时$\delta > 90°$，在这种情况下，液体不能湿润固体；如果$\delta = 180°$，则液体完全不湿润固体，液滴呈球状。如果$\gamma_{lv} > \gamma_{sv} - \gamma_{sl} > 0$，则$0 < \cos \delta < 1$，$0° < \delta < 90°$，表示液体能湿润固体。如果$\gamma_{lv} = \gamma_{sv} - \gamma_{sl}$，则$\cos \delta = 1$，$\delta = 0°$，说明固体能被液体完全湿润。

1936 年，Wenzel 认为当液体滴在固体表面上时填满凹凸不平的表面，呈现均匀润湿状态，如图 1.2-4 所示。在 Young's 方程中引入粗糙度因子γ_s（固体和液体接触的实际面积和它在水平面上的投影之比大于 1），有：

$$\cos \delta^* = \gamma_s(\gamma_{sv} - \gamma_{sl})/\gamma_{lv} \tag{1.2-3}$$

式(1.2-3)即为 Wenzel 粗糙因子润湿模型，δ^*是表观接触角。实际上液滴不一定能够完全均匀地润湿表面，可能会有空气、污染物等杂质残留，所以 Wenzel 模型也有待进一步修正。

图 1.2-4　Wenzel 润湿模型

1944 年，Cassie 和 Baxter 考虑液滴滴到固体表面上时，有可能将空气滞留在凹槽中（图 1.2-5），于是将固-液界面和液-气界面对应的接触角设为θ_e和θ_2。空气被认为是具有完全超疏水性的介质，所以$\theta_2 = 180°$，$\cos\theta_2 = -1$。又假定f_1、f_2分别是平行于表面单位结构方向上的液-固面积之和与气-液界面之和，据此建立了新的接触角方程，有：

$$\cos\delta^* = f_1\cos\theta_e - f_2 \tag{1.2-4}$$

式(1.2-4)即为 Cassie-Baxter 模型。该模型认为增加表面粗糙度将大大提高材料表面的疏水性，为调控表面润湿性提供了研究方向，也是后来成功制备大量超疏水表面材料的理论核心。

以上述三种理论为基础，研究人员还在不断完善并提出新的接触角理论模型，如 Li 建立的液膜-接触角系统模型，宋昊建立的考虑固体表面凹槽斜壁影响的接触角模型。可以看出，接触角理论研究和实践应用还在不断完善，应用前景广泛。

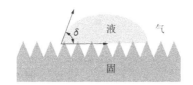

图 1.2-5　Cassie-Baxter 模型

接触角和滚动角都是评价固体表面润湿性的重要参数。理论上，疏水表面既要有较大的接触角，又要有较小的滚动角；亲水表面则与之相反，即要有较小的接触角和较大的滚动角。其中，材料表面与水的接触角大于 150°，而滚动角小于 10°的表面称为超斥水性表面，其具有防雪、防污染、抗氧化及防止电流传导等特性。材料润湿性在诸多领域应用广泛。例如，把超疏水性材料应用于建筑外墙、汽车涂层、电路板防潮等；超亲水性材料应用于汽车挡风玻璃、浴室镜面、矿石浮选等。这些应用都是在对接触角的深入研究基础上建立起来的。

1.2.2　表面活性

生活中我们发现：洒在地面上的水银及荷叶上的水滴都呈较好的球形；在观察量筒内水体积时，要求以水的弯曲液体的最低处所对应的刻度值为水的体积。这是由于纯液体表面上的分子比内部分子都具有更高的能量，因此就有尽可能减小表面积，使能量降低的趋势。一般液体表面都具有收缩力，在其作用下，水滴会呈现出球状，此时表面积最小，能量最低。在界面理论中，把液体表面收缩力称为表面张力，其物理意义为：沿着与表面相切的方向，垂直通过液体表面上任一单位长度收缩表面的力，单位用 mN/m 表示。从功的角度上看，表面张力亦可理解为液体表面增加单位面积时，外界对体系所做的可逆表面功；从能量的角度上看，则为增加单位表面积时，液体表面自由能的增加值，单位为 J/m²。

液体的表面张力是其基本物理性质之一。任何液体在一定条件下都具有表面张力。例如在 20°C 条件下，水的表面张力为 72.75mN/m，液体石蜡为 33.1mN/m，乙醚为 17.1mN/m。若将可溶物质溶于液体中，其表面张力与纯液体的又不尽相同。如图 1.2-6 所示，曲线 A 是表面张力随溶质浓度的增大而几乎不变的情况，如氯化钠、硫酸钠、氢氧化钾、硝酸钾、氯化铵等无机盐类及蔗糖、甘露醇等多羟基有机物溶于水时，均表现为此现象；曲线 B 是表面张力随溶质浓度的增大而逐渐下降，绝大部分醇、醛、脂肪酸等有机化合物溶于水时，表现为此现象；曲线 C 是表面张力在溶质低浓度时，随溶质浓度的增大而急剧下降，至浓度达到一定值时便缓慢下来并趋于稳定，如肥皂、高级脂肪醇硫酸盐或磺酸盐、烷基苯磺酸盐等的水溶液均属该类型。在表面化学理论中，把这种能够降低溶剂表面张力的性质称为表面活性。

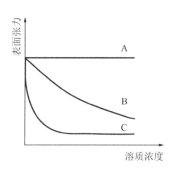

图 1.2-6　不同物质水溶液的表面张力

上述 3 种溶质中，曲线 A 所含的溶质不改变溶剂表面活性，称为非表面活性物质；曲线 B 和曲线 C 所含溶质能够降低水的表面张力，称为表面活性物质。但 B 类和 C 类物质的表面活性又不完全相同，通常将 C 类物质称为表面活性剂（Surface Active Agents），即在溶剂中加入少量时就能显著降低溶剂表面张力，改变体系界面状态，从而产生润湿、乳化、发泡、增溶等特殊作用。B 类物质通常不具备这些性质。

如前所述，表面活性剂是指加入水中能显著降低水的表面张力，改变体系界面状态，进而产生润湿、乳化、发泡、增溶等作用的物质。水的表面张力在低浓度时随溶质浓度增大而急剧下降，至一定浓度后趋于稳定。表面活性剂一般是由非极性的亲油基团（斥水基团）和极性的亲水基团（斥油基团）组成，具有双亲性质，故也称为双亲化合物。如生活中最常用的肥皂，其主要成分为十二烷基硫酸钠（$C_{12}H_{25}SO_4Na$），其中 $C_{12}H_{25}$ 为亲油基，SO_4Na 为亲水基。亲水基一般包括羧酸盐、磺酸盐、硫酸（酯）盐、磷酸（酯）盐、胺盐、季铵盐、氨基酸、甜菜碱、羟基、醚键和极性键 11 类；亲油基一般包括直链烃类、支链烃类、烷基苯基、烷基萘基、松香基、木质素（造纸废液聚合物）、硅氧烷和高分子量聚氧丙烷链 8 类。表面活性剂种类很多，分类方法亦不相同，通常根据离子类型、溶解性、应用功能和结构等将其分为离子型（包括阳离子与阴离子型）、非离子型、两性型、复配型和其他型等。表面活性剂在生产生活中用途广泛，根据不同表面活性剂的特点，应用的领域也不相同，主要体现在增溶、乳化、润湿、分散和凝聚、发泡和消泡、消毒和杀菌、抗硬水、洗涤去污、去除静电、软化平滑等方面。

表面活性剂形成一门独立的工业体系，可追溯到 20 世纪 30 年代。通过近百年的不断发展，目前已成为精细化学品工业的一个重要门类。我国表面活性剂需求量逐年攀升，产品性能逐渐倾向于生态安全、无环境污染、生物降解充分、功能性强、化学稳定性及热稳定性良好等方向。

在表面活性剂合成方面：一方面对现有并已大量使用的表面活性剂的生产工艺进行改

进，以进一步降低成本，提高产品质量和安全性能；另一方面应重点开展环保绿色和安全型、可再生资源型、多功能和高效型等新型表面活性剂的研发。除了传统的石油原料外，来自动植物原料的"绿色"原料亦受到重视。此外，高分子表面活性剂、仿生表面活性剂、反应性表面活性剂、元素表面活性剂及生物表面活性剂等的开发将进一步丰富表面活性剂的种类和用途。

在性能研究方面：随着表面活性剂工业的发展，相关基础科学研究也愈来愈深入，已由传统的界面化学进入分子界面化学。例如，表面活性剂溶液的相行为、利用激光及中子散射研究微乳、胶束及液晶的微结构、选择性增溶、表面解离、表面改性、胶束催化、单分子膜及仿生表面活性剂、表面活性剂结构与性能的关系。这些研究将使表面活性剂的基础理论更加丰富，为表面活性剂工业提供性能更好、成本更低的新产品创造条件，促进表面活性剂工业高质量跨越式发展。

在应用研究方面：表面活性剂除大量应用于日用化工领域外，还广泛应用于纺织印染、合成纤维、石油开采、化工、建材、冶金、交通、造纸、水体处理、农药乳化、土壤、食品、产品加工等多领域。可以预见，表面活性剂的发展和应用将进一步提升生产效率和生活品质。

1.2.3　斥水材料

表面具有低表面自由能和高粗糙度的材料，往往表现出斥水特征。荷叶和水黾为自然界中典型代表（图 1.2-7），荷叶疏水性源于其纳米结构，即在每个微米级乳突表面又附着许多结构相似的纳米级颗粒。正因如此，荷叶表面与水珠接触面积非常有限，导致其具有典型斥水性。水黾是利用其腿部特殊的微纳米结构，将空气吸附在微米刚毛和螺旋状纳米沟槽的缝隙内，在其表面形成一层稳定的气膜，阻碍了水滴的浸润，宏观上表现出水黾腿的超斥水特性，使其能保持在水面上而不沉入水中。但是，如果往水里加某些中性洗涤剂，就会削弱水的表面张力，使水黾足上刚毛被浸湿，此时水黾就容易沉入水中而无法立于水面。这种现象给研究人员带来了新的研究思路，这类中性洗涤剂即属于表面活性剂的一类。

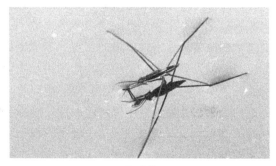

(a) 荷叶　　　　　　　　　　　　　　　　(b) 水黾

图 1.2-7　典型天然斥水现象

采用浸涂、相分离、化学沉积、蚀刻、自组装等修饰技术，通过修饰材料表面结构或改变自由能来达到斥水目的，可获得具有微纳米多级粗糙结构的斥水表面，这是物理改性技术获得斥水材料的一般操作。另外，亦可采用掺入、覆盖、融合等方式将低表面自由能的表面活性剂与改性对象结合在一起，达到材料斥水的目的，例如常用的硅烷类、有机氟/硅树脂类、烷基胺盐类等，都是斥水性能优越的表面活性剂。总体上看，具有斥水性的材料，其接触角往往较大，一般都超过 90°。根据不同行业需求和特点，物理改性和化学改性方法都是制备斥水材料的常用方法，有时可结合采用，效果更佳。

1.3 土壤斥水成因

对土壤斥水的最早研究始于 19 世纪草原土中出现的"蘑菇圈"和"干燥斑"现象，研究者发现在这些区域表面，水分较难渗入土体内部导致上覆植被无法正常生长。Schreiner 等在研究加利福尼亚土体腐殖质问题时，发现水分很难入渗其中，据此提出了土体"很难被湿润"的概念，这是研究土体斥水性问题的最早科学报道。目前关于土体斥水性的研究主要集中在土壤学和农业学领域，斥水土壤可以在不同土体质地、土地利用方式和气候条件下广泛存在，世界各地均有关于土体斥水性的报道。土体斥水性并非仅在特定环境下产生，斥水现象可以在不同组分的土体、不同土体利用方式和各种气候条件下广泛存在，而且斥水性会随季节性和土体其他物理性质的变化而变化。他们将土体斥水的原因归结为蜡状有机质和腐殖质的生成，这些高斥水型复合物释放到土体中改变了土颗粒表面性质，进而产生斥水性。Savage 等对真菌类排泄物的水理性质研究中发现，担子菌类的菌丝体、青霉菌黑化菌素、曲霉菌和放线菌等微生物能产生强斥水型复合物，这些物质会导致土体产生斥水性。Newton 等研究发现 CO_2 浓度的提高使某些草原土体的斥水性减弱，他们认为 CO_2 使雨水呈酸性，酸性水能改变土颗粒表面性质使其斥水性减弱。Wallach 和 Arye 等研究发现，长期使用污水灌溉的土体表层具有严重的斥水性特征。DeBano、刘发林和韩钊龙等分别研究了森林火灾对土体物理性质的影响，他认为大火燃烧时产生的高温会引起土体表层板结密实，甚至发生了不可逆转的化学反应，加上土体表面孔隙被燃烧后的灰烬充填，导致土体入渗率严重降低，并呈现出强烈的斥水性。刘立超等认为斥水土壤中包含的化合物主要有两类：脂肪族烃类和具有两性分子结构的极性物质。在目前技术条件下，很难对土体中的全部斥水性物质进行分离和鉴定，而且这些物质与土体颗粒的结合机理不甚清楚。这表明导致土体产生斥水性的诱因是多样的，这些诱因对土颗粒表面进行了改性，使其表面由亲水性改变为斥水性，进而宏观上表现出斥水特征。土体的斥水性往往不利于农业生产的可持续性发展，引发了诸多土地利用和农业开发问题，如渗透能力下降、土体侵蚀加速、营养物质流失、作物生长不均等。可以看出，其研究对象主要为天然斥水土壤，重点研究如何减小和消除天然土体的斥水性，增强土体的亲水性以利于农业生产。由于学科的特殊性，其几乎不涉及天然斥水土壤力学行为和变形特性的研究，尤其是对重塑斥水土壤的研究鲜见报道。而在土木水利工程领域，上述性质是影响工程质量的关键因素，而这都与土的亲水性密切相关。除了天然土体外，重塑土体对工程施工和运营甚至更为重要，这是因为重塑土体还是一种常用的工程材料，其性质好坏决定了工程的正常运营与否。无论是天然土还是重塑土，其主要表现为亲水性，而这是导致许多工程问题出现的关键因素，如渗透变形与破坏、土坡失稳、水量损失、海水入侵、水体污染、地基沉降等，尤其是特殊土相关工程问题的出现都与水分变化密切相关。

1.4 土壤斥水度测定方法

目前，测定土体斥水度的常用方法包括滴水渗透时间法（WDPT）和酒精溶液入渗法（MED）和固气表面张力测定。滴水穿透时间法是将一滴水放置土壤表面，记录水滴完全入渗土壤所需时间，根据入渗时间不同将斥水等级分为 5 类，具体见表 1.4-1。酒精溶液入渗法是一种间接测定位于土壤表面的液体表面张力的方法，能反映土壤对水滴入渗的抵制程度，一般以从滴入土壤到保持在土壤表面（≥ 5s）的临界酒精溶液的表面张力、摩尔浓度或体积百分数作为斥水等级的指标，具体见表 1.4-2。固气表面张力测定法是一系列较为精准确定土体斥水度的量化方法，包括滴重法、毛细管上升法、最大气泡压力法、吊环法等。该类方法测试精度高，但需要复杂试验设备，对操作人员的专业性有一定要求。

斥水等级分类标准——滴水穿透时间法　　　　　　　　　　　　表 1.4-1

滴水穿透时间/s	< 5	5～60	60～600	600～3600	> 3600
斥水等级	无	轻微	强烈	严重	极度

斥水性分类标准——酒精溶液入渗法　　　　　　　　　　　　表 1.4-2

酒精体积百分数/%	0	1	3	5	8.5	13	18	24	36
摩尔浓度/（mol/L）	0	0.17	0.51	0.85	1.45	2.22	3.07	4.09	6.14
斥水等级	无		轻微	中度	强烈	严重	严重	极端

除上述方法之外，诸多学者还开展了土体斥水度的相关研究。Dekker 等提出了相应的斥水等级，其中极端斥水土体的平均时间大于 1h。吴延磊比较了滴水穿透时间法与酒精溶液入渗法，认为在一定斥水度范围内两者有一定的相关性。间接法是通过提出一定的量化指标来反映土体的斥水度。Wang 等分别采用积水入渗法和改进张力入渗法测定斥水土壤和亲水土壤的进水值，认为进水值可用来表征土体的斥水度，但实用性尚未得到有效验证。Bachmann 采用固着滴液法直接测定了土体颗粒的接触角，但粒径局限于 63～200μm 的均匀颗粒，稍大粒径的颗粒测定误差较大。Latey 采用酒精和纯水对土颗粒进行毛细管上升试验，间接求得土体的接触角，但此法只适用于亲水土壤，即土体接触角要小于 90°。Carrillo 等从固-液界面张力关系式出发，利用杨氏方程推导得出了接触角大于 90°时的计算公式，并测定了斥水土壤的初始接触角。Gilboa 等将土体颗粒固定在 Wihelmy 平板并浸入纯水中，根据作用在平板上的力平衡关系间接求得土颗粒的接触角。可以看出，现有研究主要集中在土颗粒与纯水之间的相互作用及接触角的测定，而实际工程中遇到的水大多不是纯水，往往含有各种溶解物质，如海水、工业污水、高矿化度水、腐蚀性水、生活污水等，这些物质极有可能会对土颗粒表面性质产生影响，进而影响土体的斥水性。我们真正关心的是含有各种溶解物质的水溶液与土壤的吸附程度，因此有必要改进现有的土壤斥水性测定试验方法，总结出相应的入渗规律和斥水特征，优化现有评价标准和体系。

1.5 土体斥水性影响因素

影响土体斥水性的主要因素有上覆植被类型、土体含水率、污水组分、土体有机质成分及含量、烘干温度大小和持续时间等。引起土体产生斥水性的植被主要以含大量树脂、蜡类、芳香族油脂等树木为代表，其凋落物会导致土体产生斥水性。另外有些植被会通过分泌斥水性物质来抑制竞争对手的生长。含水率的变化对土体斥水性的影响较为明显，通常认为干燥的土体更容易产生斥水性，尤其持续干旱是诱发严重斥水性的重要原因，对于一些极端斥水的土体而言，长期灌溉和暴雨过程亦无法有效湿润土体。Dekker 研究发现土体斥水持续时间与含水率成反比关系，认为在达到临界含水率之前土体仍具有斥水性，只有大于临界含水率时土体才是可湿润的。Wallach 研究发现，用处理后的污水对某一种土体进行长期灌溉，会导致滴灌点周围表层土体的斥水性显著增加，从而降低灌溉效率。Micheal 等研究了中水灌溉后油脂积累对斥水性的影响，指出土体斥水性随油脂的累积而增加。用污水或处理后的污水进行灌溉时，这些物质为植物提供营养物质的同时，也增强了土体的斥水性。土体有机质含量也是影响土体斥水性的主要因素之一，如脂肪族烃和两性分子对土体斥水性的影响已得到证实。这表明单独和总体有机质含量对土体斥水性的影响还不明确，虽然有机质会影响土体的斥水性，但起决定性作用的是有机分子的组成形式。Arcenegui 等研究了森林火灾后地中海石灰性土对斥水性和土体团聚体稳定性的影响，认为燃烧会导致土体团聚体的稳定性增加，进而引起土体斥水性增加。烘干温度对土体斥水性影响较大，对烘干土样测定其斥水性时，可能会对土体原有斥水性产生影响。在测定斥水性之前用超过 105℃的温度烘干后，土体斥水性会发生明显变化，而且随着烘干时间的不同也有所不同。此外，在长期湿润条件下土体斥水性很小或者完全消失，而在长期干旱条件下又变得非常严重。因此，土体的斥水性更多地被认为是季节性的。上述研究主要集中在自然因素对土体斥水性的影响上，并没有考虑土体内部剪切变形对其斥水性的影响。实际工程中，土体在外荷载作用下不断产生变形，这些变形在微观上表现为土颗粒之间的相互错动，反复错动会对土颗粒表面产生变化，进而影响土体的斥水性，最终影响土体的渗流、强度、变形等工程特性。因此，开展荷载作用下土体斥水性的变化规律研究是今后研究的重点。

由于不同学科的需要，往往会采用人工改性方式制备斥水性材料。常见的改性方式主要有物理改性、化学改性和生物改性。物理改性的机理在于提高材料表面的粗糙度并降低其表面能，这样可以显著增强材料表面的斥水性。有些天然材料如荷叶、水禽羽毛等都具有强烈的斥水性，这是由于其表面能分泌斥水的油脂，而且表面非常粗糙（接触角大于150°）。受荷叶表面结构的启发，研究人员采用物理改性的方法来制备具有超斥水性能的材料，主要从两方面考虑：一是在低能表面上修饰纳米级尺寸的粗糙结构，二是降低粗糙表面的表面能。第一种方法较为简单，但即使是最光滑的表面，修饰后其接触角不超过 120°，较难满足工程需要；第二种方法可以达到更高的斥水度，但其技术复杂，操作要求高。无论哪种方法，研究对象均为微米甚至更低级别的材料，对于土颗粒这种毫米级的，而且形状复杂、大小不一的材料，采用物理改性的方法难度很大，不具备可操作性，另外采用物理改性获得的表面微结构容易受外力机械作用而被破坏，导致斥水度减弱或丧失。在土壤学中，化学改性的方法应用较为广泛，主要原理就是采用表面活性剂对土颗粒表面进行处理，进而影响溶剂的表面张力（气-液）和界面张力（液-液），达到改变土颗粒与溶剂相互作用的目的。表面活性剂分子的典型结构为两亲性分子，即同时具有亲水的极性基团和斥水的非极性基团。杨松等采用二甲基二氯硅烷和丙酮的混合液对砂土进行了表面改性，得到了具有明显斥水性的砂土。顾春元等采用 6 种表面活性剂对纳米 SiO_2 进行了表面修饰，发现适当的表面活性剂可使纳米 SiO_2 保留强大的吸附性和强斥水性,对黏土的膨胀性有较好的抑制效果。罗逸等采用 H24 系列化合物水溶液浸泡膨胀土并开展了力学和变形试验,结果表明经改性后的膨胀土其压缩性和膨胀性大大降低,抗剪强度有较大提高。刘清秉等利用离子土体固化剂对膨胀土进行化学改性,发现改性后膨胀土由强亲水性变成斥水性,且能达到较好的水稳性。生物改性法主要是利用微生物分泌物具有斥水性的特点,在土体中加入一定量的微生物进行培养达到土体改性的目的。由于该法具有可持续利用、无污染、生态环保等优势,是当今国际研究的热点。在农业上,微生物对土体性质的影响早已引起重视和系统研究,但微生物对土木交通工程影响的研究报道并不多见。周芳琴等对黑曲霉菌与坝基岩土体间的物理化学和生物化学作用进行了研究。胡春香等通过生物学与土壤学等多学科试验方法的综合利用,发现荒漠表面生物结皮中的藻类可以分泌胞外多糖,将松散的沙粒粘结在一起可达到固沙的效果。周东等将生物技术引入膨胀土改良问题中,发现某些微生物的助滤、疏水作用或改变黏土矿物表面电荷电性能够削减结合水膜的厚度,从而提高膨胀土的抗剪强度。总体上看,国内对生物改性的研究相对较少,缺乏系统的论证和研究。由于土体斥水性是通过改变土颗粒表面性质而形成的,因此其斥水度受表面活性剂、改性方法、水溶液性质及外部条件等因素的共同影响,如何尽可能提高土体的斥水性?改性后土体的斥水度随时间、外部条件的变化规律如何?其消散程度如何评价?上述问题的解决有助于推动斥水土壤研究的发展,可为斥水土壤的工程应用提供研究基础。

1.6 斥水土壤工程性状

研究斥水土壤替代或者部分替代现有复杂的工程防渗材料是一种新的工程防渗技术思路,将斥水土壤投入工程建设符合当今世界可持续发展的理念,符合国家"一带一路"绿色发展理念。因此,斥水土壤工程性状的研究亦是当下的重点关注,主要包括基本物理性质、渗透特性和力学特性等方面。

1.6.1 物理性质

斥水土壤可以在不同地质土类、气候水分、温度等条件下存在于世界任何角落。斥水土壤因其抗拒水分入渗,对农植物的根系营养的吸水、树植被水分的入渗、地下水分的蒸发、溶液溶质流通以及地下水循环等造成一定的影响。斥水土壤形成因素复杂,不仅包括了外界环境气候条件的影响,还包括土壤本身自身因素,如森林火灾、周围植被、气候水分、土颗粒矿物组成、土壤有机质含量等。刘立超等认为造成土壤具有斥水性的原因主要是斥水土壤包含了脂肪烃类和极性物质(具有极性结构),这两种物质与土壤颗粒相互作用进而改变土-水接触角,使土壤颗粒具有斥水性质,但由于这两种物质与土壤表面作用复杂,无法明确作用原理。土壤斥水性的形成因素具有多样性、复杂性的特点,目前国内对斥水土壤的研究不仅在土壤斥水性的起因、不同地区土壤斥水特性、水热运动变化上,还包括了斥水土壤改良措施、斥水性土壤特点、斥水土壤粒径、斥水土壤对植被的影响、土壤微观结构、反射高光谱等方面研究。对斥水土壤在理论上与应用上提供了一定的帮助,但斥水土壤的问题具有复杂性,每种斥水土壤都有自己的特殊性,季节的不同可改变土壤斥水性的强度且土壤斥水性会随土壤物理性质的改变而发生强弱变化。土壤斥水性的强度主要受自身因素：土壤有机物含量、土壤结构组成、土壤颗粒粒径大小、土壤天然含水率；外在因素：土壤植被覆盖类型、污水灌溉的时间及成分、山火的大小及山火燃烧时间及气候环境等影响。其中土壤初始含水率的大小对土壤斥水性强弱的影响所占比重较大，科学家们普遍认为干燥状态下的土壤斥水性高于含水率高的土壤且干燥状态下的土壤更容易由亲水性向斥水性进行转变，干旱时间过长也是导致土壤斥水化的原因之一，时间过长可达到极度斥水状态，这一斥水等级下的土壤即便处于长期水溶液浸泡下仍无法入渗土壤深部。Dekker 等研究发现土壤初始含水率与土壤斥水时间成反相关关系，初始含水率越大，水溶液越容易下渗，且认为斥水土壤初始含水率不大于临界含水率下可仍具有斥水性，当土壤被水溶液湿润时，可认为此时的土壤初始含水率大于临界含水率。Micheal 研究发现长时间污水灌溉后的土壤可形成斥水土壤，根据 SEM 微观试验发现，土壤表面形成某种脂肪类有机物质，抗拒水分入渗形成斥水化。Taumer 通过 WDPT 检测与土壤有机质含量检测两者进行分析，建立了土壤斥水性与土壤有机质含量的变化关系，但 Hurraß 等通过试验表示目前未能找到 Taumer 学者所表示的上述关系，并指出土壤有机质含量的大小与土壤斥水性的强弱未有明确关系且两者的影响程度大小并不能准确描述，仅仅可以确定的是土壤斥水性强弱是由土壤本身有机分子的组成结构以及其有机分子表现形式所决定。由于高温可对土壤物理性质及表面有机物产生破坏，烘干后的斥水土壤与原有的斥水性土壤通过 WDPT 检测的土壤斥水性，可能会产生不同的结果。上述诸多研究报道主要集中于土壤斥水性与自身因素、外在因素影响变化关系，极少通过土壤内部受力变形及土壤物理性质变化与土壤斥水性的影响进行研究探索。

1.6.2 渗透性质

斥水土壤的水力性质与溶质运移特征与亲水土壤相比有很大不同。亲水土壤中的土颗粒与水具有较好的吸附性，水分能够自由进出土颗粒间的孔隙，甚至能克服重力等作用上升至一定高度。对于斥水土壤而言，当外界水头不能克服土壤颗粒表面斥水能力时，水分不能自由进入土体孔隙内部，因此必须施加一个正水头以克服土颗粒对水的排斥能力，水分才能进入土体。穿透水头随接触角的增大而增大，随孔隙半径的减小而减小。DeBano 对比了斥水土壤和亲水土壤的入渗特征，发现斥水土壤的入渗速率比亲水土壤要慢 25 倍。当土体与水长期接触后，其斥水度会逐渐减弱，甚至出现亲水性。Wang 等通过对斥水性砂土的入渗研究中发现，初始干燥的斥水性砂土很难被水湿润，其入渗起始时间很长，而且入渗水流会绕过土体表层较大部分以指状路径推进，入渗率很低。Rodruguez 等比较了不同植被覆盖条件下土体的斥水度，发现大部分草地未表现出斥水性，而森林的表层土体斥水性极强，其认为是与土体中高含碳量及丰富有机质有关。刘春成等基于室内土柱试验研究了不同积水高度和斥水度下的土体入渗规律，建议采用 Kostiakov 模型来描述斥水土壤的入渗率变化特征。Bachmann 等针对不同斥水度的 4 种砂土进行了等温和非等温条件下的土柱蒸发试验，同时基于 Philip-de Vries 理论结合 Nassar-Horton 方法，对比了计算和实测的累积蒸发量。研究表明，对于接触角小于 5°的土体两者较一致，但随着接触角的逐渐增大，计算值逐渐偏小，两者误差较大。杨邦杰等研究了不同沟垄尺寸、湿润剂等对沟种苗床水分散失和温度的影响，认为采用沟种后，表层的斥水土体形成不透水的垄，促进雨水渗入沟中，阻止土体内部水分的蒸发，降低沟中温度，有利于种子发育出苗，从而将斥水性这一不利因素转化为有利条件。他的研究成果与 Summers 的明显不同，恰好说明土体斥水的影响效应是相对的。Hallett 等测定了毫米和厘米级别的土体表面吸湿率和斥水指标的空间分布，认为毫米级别上斥水度的变化能引起水分运动的空间变异，厘米级别的对水分运移影响不明显。任鑫等对滴灌棉田进行网格式垂向剖面采样，发现土体斥水性与含水率呈正态分布，这与陈俊英的研究成果相一致。可以看出，不论是入渗还是蒸发，目前关于斥水土壤水分运移特征的研究大多是在低水头甚至零水头条件下开展的，而且主要集中在沿着垂向上的水分运移。而在土木交通工程领域，很多情况下都会遇到有水头作用、水头随时间和位置不断变化、有压水平入渗等情况，如土石坝心墙防渗体上的水头、渠坡坡面上的水头、基坑底面上的水头等，而且水头存在反复升降变化的情况，因此开展有水头作用时斥水土壤的水分运移特征及斥水性变化规律的研究十分必要。

1.6.3 力学性质

受学科因素影响，在土壤学和农业学等领域，针对斥水土壤的力学行为研究成果并不多见，主要集中在对天然斥水土壤研究上，主要目的是通过各种技术手段来改善土体的斥水度，使其有利于农业生产，而对改善后土壤的力学行为鲜有分析。许朝阳等利用某细菌的代谢产物对粉土进行改性，并对改性土体进行渗透试验和无侧限抗压强度试验，发现改性后的土体渗透性明显降低，强度有小幅增长。当活化反应环境适宜时，微生物活动将按指数级特征改变土体的渗透性、刚度、强度、模量等土体力学性质。李洲等研究发现，淀粉溶液和葡萄糖溶液培养的微生物能显著提高粉土的抗剪强度；相同培养条件下，培养液浓度增大，黏聚力和内摩擦角呈增大趋势。Martinez 等利用微生物技术胶结加固一层粘结性较差的砂砾石层，经室内渗透和强度试验表明：该土样的渗透性下降了 3 个数量级，抗剪强度提高约 50%，成功阻止了其失稳塌落。张优龙等认为，微生物活动对各种性质的土体均能提高其强度，对于砂土主要通过诱导无机矿物沉淀胶结颗粒提高强度，对于粉土主要通过多糖等黏性分泌物胶结颗粒增加强度，而对于黏土主要通过微生物及其代谢产物减小结合水膜厚度提高土体强度。由此可见，微生物对土体的渗透性和强度有一定的影响。韩琳琳等在抗剪强度试验中，ISS 能够增大膨胀土的黏聚力和内摩擦角，改变率分别达59.33% 和 4.96%，使其工程性质得到较好的改良。上述研究集中在微生物对土体性质的改良上，而在土木交通工程领域，大部分工程环境并不利于微生物的成长，微生物对实际工程的影响可忽略。化学改性的方法并不会对土颗粒内部结构和化学成分造成影响，仅在颗粒表面进行处理使其接触角显著变化，使土体与水的接触程度发生改变，因此该法可用于调节重塑土的渗透性能。虽然土颗粒内部结构和化学成分并不改变，但是土体在荷载作用下主要产生剪切变形，微观上表现为土颗粒之间的滑移和咬合错动，由于土颗粒表面性质发生了改变，因此土颗粒之间的摩擦系数必然发生改变，导致土体内摩擦角发生改变；同样颗粒之间的各种物理化学作用力（静电引力、范德华力、胶结力等）必然也发生改变，导致土体黏聚力发生改变。双重条件的改变必然对其抵抗剪切变形的能力造成影响，进而影响土体的宏观力学性质。那么其强度性质如何变化？随着外界环境的变化，土体斥水性亦有变化，其对土体强度性质的影响规律又如何？由于土体孔隙水无法轻易溢出，在荷载作用下其应力应变关系有何变化规律？上述研究目前鲜见相关报道。若能获得改性后土体力学行为与斥水度的关系，建立相应的斥水土壤力学行为模型，无疑对相关学科的发展具有推动作用。

1.7 现有存在问题

前面通过大量文献的阅读，分析总结了目前关于斥水土壤方面的研究现状，归纳整理了该方向的最新研究进展。可以看出，虽然目前国内外对斥水性材料研究较多，取得了丰富的研究成果，但斥水土壤的工程应用尚在理论研究阶段，尤其是在土木、水利、交通等工程领域，斥水土壤的研究基本未见成体系的报道，尚无全面深入的分析和研究。现有存在问题主要表现在以下几个方面：

目前关于斥水土壤斥水度测定方法研究，大多源于土壤与农业学科的技术手段，针对土木、水利、交通等工程领域的测试技术是否能直接搬用，评价体系是否合适尚无研究。

目前关于人工斥水土壤制备方法研究，不同学科处理方式不完全一致，尚无统一标准。尤其是适用于土木、水利、交通等工程领域中的制备技术没有出台相关规范和标准，应用推广受到限制。

目前关于斥水土壤强度的研究，大多需借助传统土工试验仪器，且采用的是非饱和土力学等相关理论知识，未能考虑斥水度对土壤强度的影响，尤其是长期效应下土壤斥水性变化规律及其对强度的影响鲜见报道。

（1）目前关于斥水土壤渗流的研究，由于斥水性而引起优势流现象及穿透水头的问题是研究重点，但上述研究并不多见。由于斥水程度的不同，水穿过斥水土壤的条件除了与土壤性质、结构、斥水度等有关外，还与外界作用水头密切相关。达西定律是否仍适用值得深入研究。

（2）目前关于斥水土壤变形的研究，一方面是现有试验条件无法考虑斥水性的影响，通过试验确定的参数是不全面的；另一方面斥水土壤变形计算基本参照现有土壤变形计算方法，从而建立的理论模型无法体现斥水度的影响。

（3）虽然国内外对斥水土壤的判别和分类做了大量研究工作，也取得了一定的成果，但主要还是来源于室内试验的成果，对于实际工程中斥水土壤的快速判断和确定尚缺乏有效手段。此外，斥水土壤斥水机理目前有多种解释，但大多数解释仍都基于各自的假设和试验结果，尚无统一标准。

1.8 主要研究内容

本书在总结归纳斥水土壤现有研究基础上，采用理论与试验相结合的方法，重点研究了斥水土壤的斥水机理、制备工艺及工程性状，取得了如下主要研究成果。

（1）斥水土壤制备与斥水度评价

系统介绍了表面化学改性法的原理和改性剂的种类，提出了采用二氯二甲基硅烷改性砂土和十八烷基伯胺改性红土的操作步骤和实施过程，采用了滴水穿透时间法、酒精入渗溶液法、毛细管上升法和接触角测定法开展斥水化土壤的斥水等级测定试验，并进行了相应的微观形态观测。提出了利用戊二醛作为新型斥水度检测剂来开展斥水土壤斥水度检测，建立了相应的评价体系。

（2）斥水土壤物理性质试验研究

初始含水率是影响斥水土斥水度的关键因素之一。随着初始含水率的增大，斥水红土斥水度呈现出先增大后减小的趋势，当土壤含水率接近饱和时，斥水度完全消失。

当十八烷基伯胺含量增大时，斥水红土斥水性增大，液限降低，塑限增大，塑性指数减小。斥水红土的最大干密度和最优含水率随着十八烷基伯胺含量的增加均有所增大，但总体上增幅不明显，基本上认为不受影响。

温度对斥水红土斥水性亦有较大影响。随着温度的升高，土壤斥水度明显增大。在温度为 75℃时来制备十八烷基伯胺斥水红土，其斥水效果最佳，能够使斥水红土迅速达到斥水要求且保持稳定，是制备斥水红土时的最优温度。

强腐蚀性和强去污性溶液会对斥水红土斥水度造成严重影响；弱腐蚀性和弱去污性溶液会逐渐降低斥水红土斥水度，最终斥水性消失；其他溶液对斥水红土斥水度的影响较小，土壤仍能保持较好斥水性。

（3）斥水土壤渗流特性试验研究

十八烷基伯胺含量和土壤含水率是影响土壤斥水性的重要因素。要使壤土斥水性长期稳定，需合理控制土壤含水率和十八烷基伯胺含量。十八烷基伯胺含量存在一最优值，即可满足斥水等级要求。十八烷基伯胺含量相同时，初始入渗速率随水头的增加而增大；相同水头条件下，十八烷基伯胺含量对初始入渗速率影响不明显。入渗持续一段时间后，入渗速率突然降低，进入稳定入渗阶段。水头差越大，突变所需历时越长，相应的入渗流量越大。水头差越大，稳定渗入速率有所增长。随着十八烷基伯胺含量的增加，稳定渗入速率呈下降趋势，表明斥水性越强的土壤阻渗效果越明显，水越难以渗入土壤。起始渗出时间随水头差的增大而缩短，随十八烷基伯胺含量的增大而增大，甚至水已无法渗入试样。

随着十八烷基伯胺含量的增加，稳定渗透系数均呈下降趋势。水头差越小，下降幅度越明显。十八烷基伯胺含量较低时，渗透系数受水头差影响较大：水头差越大，渗透系数越小。十八烷基伯胺含量达到一定值时，渗透系数基本不受水头差的影响，甚至不产生渗流。十八烷基伯胺含量为 0.8%的斥水红土，含水率对其斥水性的影响程度较小。

随着土石比的增大，掺砂斥水心墙料的起渗历时越小；随着击实数的增大，起渗历时越大。随着土石比的增加，稳定渗透系数总体上呈线性增大趋势；随着击实数的增加，稳定渗透系数总体上呈减小趋势。

（4）斥水土壤强度特性试验研究

随着二氯二甲基硅烷含量的增大，干燥斥水砂土的抗剪强度逐渐减小。对于不同含水率的斥水砂土，在黏聚力方面：随着含水率的增加，斥水砂土黏聚力总体呈减小态势。当二氯二甲基硅烷含量为 3%时，斥水砂土的黏聚力几乎为零，表明此时斥水砂土的黏聚性能基本消失。在内摩擦角方面：随着含水率的增加，斥水砂土内摩擦角呈现微弱减小态势，变化不明显。

随着红土含量的增加，混合土的黏聚力和内摩擦角均先增后减，其中黏聚力的变化幅度更为明显。亲水性红土含量在 25%时，混合土的工程性能较佳。

（5）膨胀土斥水化及其工程性质试验研究

采用十八烷基伯胺对膨胀土进行了斥水化，开展了基本物理性质试验研究。与普通膨胀土相比，斥水膨胀土表现出较好的斥水性，其斥水程度与膨胀土初始含水率密切相关。

当其含水率超过某一值时，斥水性消失；接触角显著增大，比表面积明显减小；液限减小，塑限增大，塑性指数降低；最大干密度有一定提升，最优含水率无明显变化；自由膨胀率、无荷膨胀率与有荷膨胀率均有所降低，膨胀力亦有所减小。

斥水膨胀土的黏聚力受含水率与十八烷基伯胺含量的影响较大，受内摩擦角的影响相对较小。随着十八烷基伯胺含量与含水率的增加，抗剪强度指标均有所减小，但总体上能满足工程需求。

（6）斥水土壤生态护坡技术试验研究

开展了"斥水土 + 植被"生态护坡技术的室内圆柱模型和边坡模型试验，获得了不同覆盖条件下土体水分变化规律及植被生长态势，建议百喜草作为南方地区该护坡技术的优选植被，提出了"斥水土 + 植被"生态护坡技术实施要点。

参考文献

[1] 陈正汉. 非饱和土与特殊土力学[M]. 北京: 中国建筑工业出版社, 2022.

[2] 王中平, 孙振平, 金明. 表面物理化学[M]. 上海: 同济大学出版社, 2015.

[3] Tillman R W, Scotter D R, Wallis M G, et al. Water repellency and its measurement using intrinsic sorptivity[J]. Australian Journal of Soil Research , 1989, 27: 637-644.

[4] Schreiner O, Shorey E C. Chemical nature of soil organic matter[J]. U. S. Dept. Agr. Bur. Soils Bull, 1910, 74: 2-48.

[5] Savage S M, Martin J P, Letey J. Contribution of some soil fungi tonatural and heat indeced water releppency in sand[J]. Soil Science Society of America Journal, 1969, 33(3): 405-409.

[6] Arye G, Tarchitzky J, Chen Y. Treated waste water effects on water repellency and soil hydraulic properties of soil aquifer treatment infiltration basins[J]. Journal of Hydrology, 2004, 32: 106-109.

[7] DeBano L F. The role of fire and soil heating on water repellency in wild land environments: a review[J]. Journal of Hydrology, 2000, 231-232: 195-206.

[8] María R C, Pedro J E, Diego P, et al. Influence of plant biostimulant as technique to harden citrus nursery plants before transplanting to the field[J]. Sustainability, 2020, 12(15): 6190.

[9] 施成华, 彭立敏. 基坑开挖及降水引起的地表沉降预测[J]. 土木工程学报, 2006, 39(5): 117-121.

[10] 汪益敏, 陈页开, 韩大建, 等. 降雨入渗对边坡稳定影响的实例分析[J]. 岩石力学与工程学报, 2004, 23(6): 920-924.

[11] 陈生水, 钟启明, 陶建基. 土石坝溃决模拟及水流计算研究进展[J]. 水科学进展, 2008, 19(6): 903-910.

[12] 杨蕴, 吴剑锋, 林锦, 等. 控制海水入侵的地下水多目标模拟优化管理模型[J]. 水科学进展, 2015, 26(4): 579-588.

[13] 叶为民, 金麒, 黄雨. 地下水污染试验研究进展[J]. 水利学报, 2005, 36(2): 251-255.

[14] 黄雨, 周子舟, 柏炯, 等. 石膏添加剂对水泥土搅拌法加固软土地基效果影响的微观试验分析[J]. 岩土工程学报, 2010, 32(8): 1179-1183.

[15] Li C G, Mccarthy T J. How Wenzel and cassie were wrong[J]. Langmuir the Acs Journal of Surfaces &

Colloids, 2007, 23(7): 3762.

[16] 宋昊, 刘战强. 基于最小吉布斯自由能的疏水表面接触角模型[J]. 山东大学学报(工学版), 2015, 45(2): 56-61.

[17] 李毅, 商艳玲, 李振华, 等. 土壤斥水性研究进展[J]. 农业机械学报, 2012, 43(1): 68-75.

[18] DeBano L F.Water repellency in soils: a historical overview[J]. Journal of Hydrology, 2000, 231-232: 4-32.

[19] Keesstra S, Wittenberg L, Maroulis J, et al. The influence of fire history, plant species and post-fire management on soil water repellency in a Mediterranean catchment: The Mount Carmel range, Israel[J]. Catena, 2017, 149: 857-866.

[20] Alanis N, Hernandez-Madrigal V M, Cerda A, et al. Spatial gradients of intensity and persistence of soil water repellency under different forest types in central Mexico[J]. Land Degradation and Development, 2017, 28(1): 317-327.

[21] Doerr S H, Shakesby R A, Walsh R P D. Soil water repellency: its causes, characteristics and hydro-geomorphological significance[J]. Earth-Science Reviews, 2000, 51(1-4): 33-65.

[22] 韩钊龙, 胡慧蓉, 黄铄淇. 林火干扰对土壤理化性质的影响[J]. 西南林业大学学报, 2014, 34(3): 46-50.

[23] Doerr S H, Ferreira A J D, Walsh R P D, et al. Soil water repellency as a potential parameter in rainfall-runoff modeling: experimental evidence at point to catchment scales from portugal[J]. Hydrological Process, 2003, 17(2): 363-377.

[24] Bauters T W J, Dicarlo D A, Steenhuis T S, et al. Preferential flow in water-repellent sands[J]. Soil Science Society of America Journal, 1998, 62(5): 1185-1190.

[25] Feng G L, Letey J, Wu L. Water ponding depths affect temporal infiltration rates in a water-repellent sand[J]. Soil Science Society of America Journal, 2001, 65(2): 315-320.

[26] 刘意立. 生活垃圾填埋场渗滤液导排系统堵塞机理及控制方法研究[D]. 北京: 清华大学, 2018.

[27] 赵立芳, 赵转军, 曹兴. 我国尾矿库环境与安全的现状及对策[J]. 现代矿业, 2018(6): 40-42.

[28] 敬小非, 尹光志, 魏作安, 等. 尾矿坝垮塌机制与溃决模式试验研究[J]. 岩土力学, 2011, 32(5): 1377-1384.

[29] Margot N, Henri R, Anneke D R, et al. Higher runoff and soil detachment in rubber tree plantations compared to annual cultivation is mitigated by ground cover in steep mountainous Thailand[J]. Catena, 2020, 189.

[30] Keck H, Felde V, Drahorad S, et al. Biological soil crusts cause subcritical water repellency in a sand dune ecosystem located along a rainfall gradient in the NW Negev desert, Israel[J]. Journal of Hydrology and Hydromechanics, 2016, 64(2): 133-140.

[31] J Lahann, S Mitragotri, T N Tran, et al. A reversibly switching surface[J]. Science, 2003, 299: 371.

[32] 杨海涛. 光聚合制备不同浸润性表面功能化材料及其性能研究[D]. 北京: 北京化工大学, 2017.

[33] Daniel S, Chaudhury M K, Chen J C. Fast drop movements resulting from the phase change on a gradient surface[J]. Science, 2001, 291(5504): 633-636.

[34] Samuel J D, Ruther P, Frerichs H P, et al. A simple route towards the reduction of surface conductivity in gas sensor devices[J]. Sensors and Actuators B: Chemical, 2005, 110(2): 218-224.

[35] Charcosset C. A review of membrane processes and renewable energies for desalination[J]. Desalination, 2009, 245(1-3): 214-231.

[36] Rodriguez Alleres M, Blas E, Benito E. Estimation of soil water repellency of different particle size fractions in relation with carbon content by different methods[J]. Science of the Total Environment, 2007, 378(1): 147-150.

[37] Ma shum M, Farmer V C. Origin and assessment of water repellency of a sandy South Australian soil[J]. Australia. Journal Soil Research, 1985, 23(4): 623-626.

[38] Ritsema C J, Dekker L W. Soil Water Repellency: Occurrence, consequences and Amelioration[J]. Journal of Physics A Mathematical & Theoretical, 2003, 45(6): 2140-2154.

[39] Doerr S H, Thomas A D. The role of soil moisture in controlling water repellency: new evidence from forest soils in Portugal[J]. Journal of Hydrology, 2000, 231-232(22): 134-147.

[40] Wallach R, Ben A O, Graber E R. Soil water repellency induced by long-term irrigation with treated sewage effluent[J]. Journal of Environmental Quality, 2004, 34(5): 1910-1920.

[41] Micheal J, Noam W. Accumulation of oil and grease in soils irrigated with greywater and their potential role in soil water repellency[J]. Science of the Total Environment, 2008, 394(1): 68-74.

[42] Dekker L W, Ritsema C J. Variation in water content and wetting patterns in Dutch water repellent peaty clay and clayey peat soils[J]. Catena, 1996, 28(1-2): 89-105.

[43] Karnok K A, Rowland E J, Tan K H. High pH treatments and the alleviation of soil hydrophobic on golf greens[J]. Agronomy Journal, 1993, 85(5): 983-986.

[44] Ramirez-Flores J C, Bachmann J, Marmur A. Direct determination of contact angles of model soils in comparison with wettability characterization by capillary rise[J]. Journal of Hydrology, 2010, 382(1-4): 10-19.

[45] Bdv W. Particle coatings affecting the wettability of soils[J] Journal of Geophysical Research Atmospheres, 1959, 64(2): 263-267.

[46] Watson C L, Letey J. Indices for characterizing soil water repellency based upon contact angle surface tension relationships[J]. Soil Science Society of America, 1970, 34(6): 841-844.

[47] 吴延磊, 李子忠, 龚元石. 两种常用方法测定土壤斥水性结果的相关性研究[J]. 农业工程学报, 2007, 23(7): 8-13.

[48] 周晓宇. 斥水剂作用下土体土水特性变化规律试验研究[D]. 南昌: 南昌航空大学, 2017.

[49] Pham V H, Dickerson J H. Superhydrophobic silanized melamine sponges as high efficiency oil absorbent materials[J]. ACS Applied Materials & Interfaces, 2014(6): 14181-14188.

[50] Han J T, Lee D H, Ryu C Y, et al. Fabrication of superhydrophobic surface from a supramolecular organosilane with quadruple hydrogen bonding[J]. Journal of the American Chemical Society, 2004, 126(15): 4796-4797.

[51] Lau K K S, Bico J, Teo K B K, et al. Superhydrophobic carbon nanotube forests[J]. Nano Letters, 2003, 3(12): 1701-1705.

[52] Minko S, Muller M, Motornov M, et al. Two-level structured self-adaptive surfaces with reversibly tunable properties[J] Journal of the American Chemical Society, 2003, 125(13): 3896-3900.

[53] Genzer J. Creating long-lived superhydrophobic polymer surfaces through mechanically assembled monolayers[J]. Science, 2000, 290(5499): 2130-2133.

[54] 施政余, 李梅, 赵燕, 等. 润湿性可控智能表面的研究进展[J]. 材料研究学报, 2008, 22(6): 561-571.

[55] Roper M. M. . The isolation and characterization of bacteria with the potential to degrade waxes that cause water repellency in sandy soils[J]. Australian Journal of Soil Research, 2004, 42(4): 427-434.

[56] 卜军, 陈洪龄, 沈斌, 等. 机械力化学法疏水改性高岭土[J]. 化学研究与应用, 2009, 21(5): 760-763.

[57] 何晓庆, 徐杨, 李鹏鹏, 等. 沙子的疏水改性及其油水分离性能[J]. 精细石油化工, 2018, 35(5): 55-59.

[58] Tokarev I, Minko S. Multiresponsive hierarchically structured membranes: New, challenging, biomimetic materials for biosensors, controlled release, biochemical gates, and nanoreactors[J]. Advanced Materials, 2009, 21(2): 241-247.

[59] Li J, Zhou Y, Luo Z. Smart fiber membrane for pH-induced oil/water separation[J]. ACS Applied Materials & Interfaces, 2015, 7(35): 19643-19650.

[60] Liu N, Cao Y, Lin X, et al. A facile solvent-manipulated mesh for reversible oil/water separation[J]. ACS Applied Materials & Interfaces, 2014, 6(15): 12821-12826.

[61] Wang H, Zhang Z, Wang Z, et al. Multistimuli-responsive microstructured superamphiphobic surfaces with large-range, reversible switchable wettability for oil[J]. ACS Applied Materials & Interfaces, 2019, 11(31): 28478-28486.

[62] Wang Y, Lai C, Wang X, et al. Beads-on-string structured nanofibers for smart and reversible oil/water separation with outstanding antifouling property[J]. ACS Applied Materials & Interfaces, 2016, 8(38): 25612-25620.

[63] Ou R, Wei J, Jiang L, et al. Robust thermoresponsive polymer composite membrane with switchable superhydrophilicity and superhydrophobicity for efficient oil-water separation[J]. Environmental Science & Technology, 2016, 50(2): 906-914.

[64] Mozumder M S, Zhang H, Zhu J. Mimicking lotus leaf: Development of micro-nanostructured biomimetic superhydrophobic polymeric surfaces by ultrafine powder coating technology[J]. Macromolecular Materials and Engineering, 2011, 296(10): 929-936.

[65] Yim H, Knet M S, Mendez S, et al. Temperature dependent conformational change of PNIPAAm grafted chains at high surface density in water[J]. Macromolecules, 2004, 37(5): 1994-1997.

[66] 王金英. 一种土壤加热系统及其制备方法: 201810165192. X[P]. 2018-02-28.

[67] 吴珺华, 林辉, 刘嘉铭, 等. 十八胺化学改性下壤土的斥水性与入渗性能研究[J]. 农业工程学报, 2019, 35(13): 122-128.

[68] 许朝阳, 张莉, 周健. 微生物改性对粉土某些特性的影响[J]. 土木建筑与环境工程, 2009, 31(2): 80-84.

[69] Harkes M P, van Paassen L A, Booster J L, et al. Fixation and distribution of bacterial activity in sand to induce carbonate precipitation for ground reinforcement[J]. Ecological Engineering, 2010, 36(2): 112-117.

[70] 李洲, 丁临生, 王艳. 培养液诱导微生物改性粉土的抗剪强度特性研究[J]. 宁波大学学报(理工版), 2017, 30(3): 76-80.

[71] Martinez B C, Dejong J T, Ginn T R. Bio-geochemical reactive transport modeling of microbial induced calcite precipitation to predict the treatment of sand in one-dimensional flow[J]. Computers & Geotechnics, 2014, 58(5): 1-13.

[72] 张优龙, 杨坪. 微生物改善土体性能研究进展[J]. 微生物学通报, 2014, 41(10): 2122-2127.

[73] 韩琳琳, 谭龙, 蒋小权. ISS 改性强膨胀土胀缩和强度特性试验研究[J]. 人民黄河, 2015, 37(6): 126-130.

[74] Newton P C D, Carran R A, Lawrence E J, Reduced water repellency of a grassland soil under elevated atmospheric CO_2[J]. Global Change Biology, 2004, 19(1): 1-4.

第2章

斥水土壤制备与斥水度评价

材料具备斥水性的根本在于材料表面具有高粗糙度或低表面自由能，或两者兼备，斥水效果更佳。高粗糙度的实现属于物理改性方式，精度通常在微米至纳米级，对材料表面平整度要求高，相关仪器设备也复杂，操作要求高。在外力反复摩擦作用下，其表面结构容易遭受破坏而丧失斥水性。很显然，物理改性方式不适用于像土壤这类非均质散体材料的斥水化处理，存在工作量大、效率低下、斥水性不稳定等缺点。化学改性方式本质上并不改变土壤颗粒本身的化学成分，而是将具有低表面自由能的化学物质以一定形式与土壤颗粒结合在一起，宏观上使土壤表面自由能降低，斥水度增大，最终达到斥水效果。只要该化学物质长期稳定存在于土壤中，其斥水效果亦能长期保持稳定。因此，化学改性方式更适用于土壤类材料的斥水化处理，是目前比较合适的改性方法。

化学改性的核心在于改性剂和改性方式的选择。据此，本章首先介绍了表面化学改性机理和目前常见的改性剂，随后采用了不同改性剂和改性方法对粗粒土（砂土）和细粒土（红土）进行斥水化处理，获得了不同斥水度的斥水土壤；基于滴水渗透时间法和酒精溶液入渗法开展了斥水土斥水度测定试验，获得相应的土壤斥水等级；分别采用毛细管上升法和接触角测定仪法测定了粗粒土和细粒土的接触角，开展了斥水土壤的微观形态测试，分析了相应的变化规律；考虑到现有斥水度评价体系的缺陷，最后采用新型斥水度检测试剂开展了相应的土壤斥水度测定，并与现有检测方法进行对比，完善了现有斥水度评价体系，最终提出了斥水土壤制备技术和要点。

2.1 表面化学改性法

表面改性是指在保持材料固有性能不变的前提下，赋予其表面新的性能，如亲水性、亲油性、生物相容性、抗静电性和染色性等的一种技术手段。该技术主要特点有：

（1）不需要对材料整体进行改性，只需针对材料表面改性即可达到使用目的，可以节约材料且不影响主要性质，尤其是工程上关注的力学性质；

（2）可以获得具有某些特殊功能的表面，如超细晶粒、非晶态、过饱和固溶体、复合结构层等，其性能优于一般整体材料；

（3）材料表面被改性材料覆盖厚度很薄，用料少，成本可控；

（4）某些特殊领域可以用于修复已经损坏和失效的零部件。

表面改性的方法有很多，大体上包括表面化学改性法、表面接枝法、表面复合化法等。其中，表面化学改性法因其具有明确的改性机理和良好的改性效果被广泛使用。表面化学改性是表面改性的一种常见方式，是指通过材料表面和改性剂之间的化学吸附或化学反应来改变粒子的表面形态，从而达到表面改性的目的。表面化学改性是目前最常用的表面改性方法之一，在散体材料表面改性中占据极其重要地位。通常表面改性剂一端为极性基团，能与散体材料发生化学反应而在表面生成连接物，另一端的非极性基团能与基体形成物理连接或化学反应，从而改变散体材料的分散性和功能性能。

表面化学改性方法包括表面化学沉积法、表面化学包覆法、表面氧化改性法、表面还原改性法、单体吸附包裹聚合法、负载金属改性法、高能辐射和等离子体法等。下面重点介绍表面化学沉积法和表面化学包覆法，其他方法仅做简要介绍，详细信息可参阅相关专业文献。

2.1.1　表面化学沉积法

表面化学沉积法是利用无机化合物在颗粒表面进行沉淀反应，从而在颗粒表面形成一层或多层"包衣薄膜"，以达到改善颗粒表面性质的目的。这种方法一般采用湿法工艺来实现，具有如下优点：（1）所使用的工艺和设备较为简单，便于商业化批量生产；（2）可以实现不同组分之间在分子-原子水平级别上的均匀混合，能精确控制各组分所占比例；（3）所需散体材料的纯度、各相组成、颗粒大小和分散程度等均可以通过控制沉淀条件及沉淀物的品质来实现。表面化学沉积法由于可以直接有效地构建满足不同需求的表面粗糙度，因此被广泛应用于超疏水表面的制备。用化学沉积法制备超疏水表面时，通常伴随有化学反应，在整个制备过程中的产物通过自聚集沉积在基底面。因此，采用表面化学沉积法对散体材料进行表面改性已经引起了材料科学领域的广泛关注和研究，并且得到迅速发展，部分研究成果已经初具商业化规模。根据沉积方法的不同，表面化学沉积法又可以分为电化学沉积法、化学气相沉积法和化学浴沉积法。

（1）电化学沉积法

电化学沉积法是一种用来制备各种多晶薄膜和纳米结构的液相方法，已经成功制备金属、陶瓷材料、半导体、超晶格和超导体薄膜等材料。电化学法制备薄膜与涂层材料具有以下优点：可在各种结构复杂的基体上均匀沉积；适用于各种形状的基体材料，特别是异形结构件；通常在室温条件下即可进行操作，非常适合制备纳米结构并应用于日常生产和生活中；电化学沉积的量由弗拉德定律控制，通过控制工艺条件可精确控制沉积层的厚度、化学组成和结构等，且沉积速度可由电位来精准控制。因此，电化学沉积法具有投资少、工艺简单、易操作、工作环境安全、生产方式灵活等诸多优点，适于大规模工业化生产。沉积机理主要包括阴极还原和阳极氧化两种，沉积方法主要包含恒电流和恒电压法、单槽法和双槽法等。Yu X 采用电化学沉积法先在镀金玻璃或石英上制得一层具有枝状结构的硫醇单分子膜，然后在该膜表面再沉积具有一定粗糙度的金膜，最后利用混合硫醇对该表面进行修饰，制得的"超疏水-超亲水"表面对 pH 值具有可逆响应性，表现为中-酸性溶液具有超疏水性，接触角大于 150°，而在碱性溶液中具有超亲水性（图 2.1-1、图 2.1-2）。Jiang Y 通过同样方法制得了具有超疏水性的金属表面。

图 2.1-1　沉积-分形状金结构的电镜扫描图像

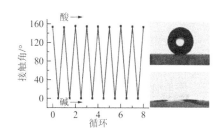

图 2.1-2　酸和碱液滴在修饰后表面的"超疏水-超亲水"可逆转换效果与接触角变化规律

（2）化学气相沉积法

化学气相沉积法是利用气态或蒸汽态的物质，在气相或气固界面上发生反应生成固态沉积物的方法。化学气相沉积过程分为三个重要阶段：①反应气体向基体表面扩散且吸附于基体表面的阶段；②基体表面上发生化学反应形成固态沉积物的阶段；③化学反应产生的气相副产物脱离基体表面的阶段。最常见的化学气相沉积反应有：热分解反应、化学合成反应和化学传输反应等。Li 采用化学气相沉积法在石英基底上制备了具有蜂窝状、柱状、岛状等各种图案结构的阵列碳纳米管薄膜，这些膜表面均具有超疏水性，与水

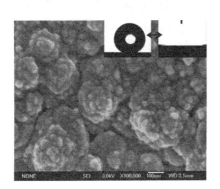

图 2.1-3 紫外光响应下"超疏水-超亲水"表面电镜扫描形态与接触角（Liu H，2004）

的接触角都大于 160°，滚动角小于 5°，产生上述现象的原因与表面纳微米结构的阶层排列有关。Liu 通过化学气相沉积法，在蓝宝石上制备了具有微纳米粗糙结构的 ZnO 薄膜，该"超疏水-超亲水"表面对紫外光具有响应性，具体表现在：用紫外光对表面进行照射若干秒后，表面呈现出超亲水性，其接触角小于 5°；而将该表面避光放置一段时间或进行热处理后，表面又可恢复超疏水性，其接触角约为 164°且这种转换是可逆的（图 2.1-3）。

（3）化学浴沉积法

化学浴沉积法是利用一种合适的还原剂使镀液中的金属离子还原并沉积在基体表面上的一种技术手段。与电化学沉积法不同，化学沉积不需要配置电源和阳极。化学浴沉积法是专为制备氧化物薄膜而发展起来的液相外延技术，其基本原理是从金属氟化物的水溶液中生成氧化物薄膜，通过添加某些诱发剂使金属氟化物缓慢水解，从而使金属氧化物沉积在基体表面。该法要求对水解反应以及溶液的过饱和度有很好的控制。Wu X D 通过化学浴沉积法先在玻璃上制得以 400～600nm 直径均匀分布的 ZnO 纳米棒，再用长链烷酸对该表面进行修饰得到了接触角大于 150°的超疏水表面。Hosono E 用化学浴沉积法制备了接触角高达 178°的超疏水薄膜，通过电镜扫描发现该薄膜具有纳米针状结构（图 2.1-4）。

图 2.1-4 超疏水薄膜电镜扫描形态及接触角（Hosono E，2005）

2.1.2 表面化学包覆法

表面化学包覆法是目前最常用的散体材料表面改性方法，是利用有机表面改性剂分子中的官能团在颗粒表面形成吸附或产生化学反应，达到对颗粒表面进行改性的目的。改性工艺可分为干法和湿法两种。

关于表面化学包覆法的机理，主流观点有以下几种：（1）库仑静电引力相互吸引机理。这种观点认为包覆剂带有与基体表面相反的电荷，靠库仑引力使包覆剂颗粒吸附到被包覆颗粒表面；（2）化学键机理。这种观点认为通过化学反应使基体和包覆物之间形成牢固的化学键，从而生成均匀致密的包覆层；（3）过饱和度机理。这种机理从结晶学角度出发，认为在某一 pH 值条件下，当有异相物质存在时，如溶液超过它的过饱和度就会有大量晶核立即生成，沉积到异相颗粒表面形成包覆层。要想得到优良的包覆界面性能，就必须考虑以下几方面的因素：（1）满足不同相之间热力学的共容性；（2）满足不同相之间热力学的共存性；（3）包覆层与芯核间有较好的润湿性。

目前，表面化学包覆法的实现途径主要有 14 种，具体见表 2.1-1。表面化学包覆法的选用，应根据核心散体和包膜材料的特性以及改性后复合散体的应用场合来综合考虑。随着材料和设备的不断更新，有望制备出多功能、多组分、稳定性更强的超细复合颗粒，这将为复合颗粒开辟更广阔的应用前景。

表面化学包覆法常见类型

表 2.1-1

包覆形式	方法名称	实施过程	特点
固相包覆	机械混合法	利用挤压、冲击、剪切、摩擦等机械力将改性剂均匀分布在粉体颗粒外表面，使各种组分相互渗入和扩散形成包覆。目前主要应用的有球石研磨法、搅拌研磨法和高速气流冲击法	处理时间短，反应过程容易控制，可连续批量生产，较有利于实现各种树脂、石蜡类物质以及流动性改性剂对粉体颗粒的包覆。但此法仅用于微米级粉体的包覆，且要求粉体具有单一分散性
	固相反应法	把几种固态改性剂按配方充分混合，或经固相反应直接得到	制作简单，但均匀程度受改性剂大小和形态控制
液相包覆	水热法	在高温高压的密闭体系中以水为媒介得到常压条件下无法得到的特殊物理化学环境，使反应前驱体得到充分的溶解，并达到一定的过饱和度，从而形成生长基元，进而成核、结晶制得复合粉体	合成的核-壳型纳米粉体纯度高，粒度分布窄，晶粒组分和形态可控，晶粒发育完整，团聚程度轻，制得的产品壳层致密均匀，制备的纳米粉体不需要后期的晶化热处理
	溶胶-凝胶法	首先将改性剂前驱体溶于水（或有机溶剂）形成均匀溶液，溶质与溶剂经水解或醇解反应得到改性剂（或其前驱体）溶胶；再将经过预处理的被包覆颗粒与溶胶均匀混合，使颗粒均匀分散于溶胶中，溶胶经处理转变为凝胶，在高温下煅烧得到外表面包覆有改性剂的粉体，从而实现粉体的表面改性	溶胶-凝胶法制备的包覆复合粒子具有纯度高、化学均匀性好、颗粒细小、粒径分布窄等优点，且该技术操作容易、设备简单，能在较低温度下制备各种功能材料，在磁性复合材料、发光复合材料、催化复合材料和传感器制备等方面获得了较好的应用
	沉淀法	向含有粉体颗粒的溶液中加入沉淀剂，或者加入可以引发反应体系中沉淀剂生成的物质，使改性离子发生沉淀反应，在颗粒表面析出，从而对颗粒进行包覆	沉淀反应包覆往往是在纳米粒子表面包覆无机氧化物，可以便捷地控制体系中的金属离子浓度以及沉淀剂的释放速度和剂量，特别适合对微纳米粉体进行无机改性剂包覆
	非均相凝聚法	根据表面带有相反电荷的微粒能相互吸引而凝聚的原理提出的一种方法。如果一种微粒的直径远小于另一种电荷微粒的直径，那么在凝聚过程中，小微粒就会吸附在大微粒的外表面形成包覆层	该方法关键在于对微粒表面进行修饰，或直接调节溶液的pH值，从而改变微粒的表面电荷
	微乳液法	首先通过W/O（油包水）型微乳液提供的微小水核来制备需要包覆的超细粉体，然后通过微乳聚合对粉体进行包覆改性	主要特点：（1）粒径分布窄且较易控制；（2）由于粒子表面包覆一层（或几层）表面活性剂分子，不易聚结，得到的有机溶胶稳定性好，可较长时间放置；（3）在常压下进行反应，反应温度较温和、装置简单，易于实现

续表

包覆形式	方法名称	实施过程	特点
液相包覆	非均匀形核法	根据 LAMER 结晶过程理论,利用改性剂微粒在被包覆颗粒基体上的非均匀形核上生长来形成包覆层。非均匀形核临界浓度与均相形核临界浓度之间形成无定形包覆层,而在均相形核临界浓度与临界饱和浓度之间形成的是一种多晶相包覆层,高于临界饱和浓度则形成大量的沉淀物,不会对颗粒均相包覆	非均匀形核包覆中,改性剂的质量浓度介于非均匀形核临界浓度与临界饱和浓度之间,所以非均匀形核法包覆是一种发生在非均匀形核临界浓度与均相成核临界浓度之间的沉淀包覆。该方法可以精确控制包覆层的厚度及化学组分。无定形包覆与多晶相包覆相比,更容易实现包覆层的均匀、致密
	化学镀法	指不外加电流而用化学法进行金属沉淀的过程,有置换法、接触镀法和还原法三种。化学镀法主要用于陶瓷粉体表面包覆金属或复合涂层,实现陶瓷与金属的均匀混合,从而制备金属陶瓷复合材料	其实质是镀液中的金属离子在催化作用下被还原剂还原成金属粒子沉积在粉体表面,是一种自动催化氧化-还原反应过程,因此可以获得一定厚度的金属镀层,且镀层厚度均匀、孔隙率低
	超临界流体法	在超临界情况下,降低压力可以导致过饱和的产生,而且可达到高过饱和速率,使固体溶质从超临界溶液中结晶出来。由于结晶过程是在准均匀介质中进行的,能够得到更准确的控制	从超临界溶液中进行固体沉积是一种很有前途的新技术,能够产生平均粒径很小的细微粒子,而且还可控制其粒度分布
气相包覆	化学气相沉积法	在超高温度作用下,混合气体与基体的表面相互作用使混合气体中的某些成分分解,并在基体上形成一种金属或化合物的包覆层	一般包括 3 个步骤:产生挥发性物质;将挥发性物质输送到沉淀区;与基体发生化学反应生成固态产物
其他包覆	高能量法	利用红外线、紫外线、γ射线、电晕放电、等离子体等对纳米颗粒进行包覆的方法	高能量法常常是利用一些具有活性官能团的物质在高能粒子作用下实现在纳米颗粒的表面包覆
	喷雾热分解法	将含有所需正离子的几种盐类的混合溶液喷成雾状,送入加热至设定温度的反应室内,通过反应,生成微细的复合粉末颗粒	在该工艺中,从原料到产品粉末,包括配溶液、喷雾、反应和收集 4 个基本环节
	微胶囊化法	在粉体表面覆盖均质且有一定厚度薄膜的一种表面改性方法。通常制备的微胶囊粒子大小在 2~1000μm,壁材厚度为 0.2~10μm。微胶囊技术在制药、食品、涂料、粘结剂、印刷、催化剂等行业都已得到了广泛应用	微胶囊可改变囊芯物质的外观形态而不改变它的性质,还可控制芯物质的放出条件;对在相间起反应的物质可起到隔离作用,以备长期保存;对有毒物质可以起到隐蔽作用

2.1.3 其他表面改性法

表面氧化改性法是指利用合适的氧化剂在适当温度下对材料表面的官能团进行氧化处理,从而提高材料表面含氧官能团的含量,增强材料表面的亲水性。常用的氧化剂主要有 HNO_3、$HClO_3$ 和 H_2O_2 等。活性炭作为一种常见的强吸附剂,其主要原因之一是其表面化学性质决定了其化学吸附特性。采用表面氧化改性法对活性炭材料进行处理使其吸附表面的官能团及其周边氛围的构造成为特定吸附过程中的活性点,从而控制其亲水-疏水性能的可逆转换以及与金属或金属氧化物的结合能力。通过表面氧化改性的活性炭材料,表面形状变得更加均一。不同的氧化剂处理后,含氧官能团的数量和种类不同,氧化程度越高,含氧官能团越多。氧化处理可以改变活性炭的孔隙结构,使比表面积和容积降低,而孔隙变大。而氧化处理在活性炭表面增加的羧基等酸性基团也可通过高温处理去除且不影响由氧化引起的微孔变化。

表面还原改性法主要是利用合适的还原剂在适当温度下对材料表面的官能团进行还原

处理，从而提高材料表面含氧碱性基团的含量，增强材料表面的疏水性。常用的还原剂有H_2、N_2 和 NaOH 等。例如在污水处理过程中，经过表面还原改性的活性炭表面碱性含氧基团大量增加，有助于提高其对污染物质尤其是有机物的吸附能力。

单体吸附包裹聚合法是把单体吸附在微粒表面后再进行诱发聚合，形成聚合物包覆层可有效改善单体表面能高、难以实现材料表面与聚合物的界面相容等不足，从而达到改变材料表面性质的目的。

负载金属改性法是通过无机粉体材料的还原性和吸附性使金属离子在材料的表面上优先吸附，再利用无机粉体材料的还原性将金属离子还原成单质或低价态的离子，通过金属离子或金属对被吸附物较强的结合力，从而增加无机粉体材料对被吸附物的吸附性能。目前，常用负载金属离子包括铜离子、铁离子等。以活性炭为例，通过活性炭的还原性和吸附性使金属离子利用活性炭表面的含氧官能团首先吸附，再利用活性炭的还原性，将金属离子还原成单质或低价态的离子，通过金属或金属离子对被吸附物较强的结合能力来增加活性炭对被吸附物的吸附性能。为提高活性炭对金属离子的吸附能力和吸附选择性，通常需对原活性炭进行预处理。处理后的活性炭可用于污废水处理、废气处理和脱硫工艺等。将金属负载在活性炭表面以后，可以使活性炭降低再生温度和提高再生效率，而且由于活性炭材料具有完全燃烧性使得金属回收成本很低，同时也不会造成二次污染。

高能辐射和等离子体法主要是利用等离子体的聚合技术。该技术是通过激发有机化合物单体，形成气相自由基。当气相自由基吸附在固体表面时，形成表面自由基，其与气相原始单体或等离子体中产生的衍生单体在表面发生聚合反应，生成大分子量的聚合物薄膜，最终实现改性目的。以氢氧化镁为例，虽然其作为阻燃剂具有广阔的应用前景，但是也存在阻燃效率低等不足，填充量通常要达到 60% 以上才能赋予高分子材料较好的阻燃性，但这会导致材料的其他性能大大降低。通过等离子体的聚合技术对氢氧化镁进行表面改性，可改善其与基体的相容性和润湿性，提高其在基体中的分散性，增强与基体的界面结合力，从而在达到阻燃要求的同时，使基体材料的力学性能和加工性能得到有效保证。

2.2　表面化学改性剂

表面化学改性剂主要有偶联剂（硅烷、钛酸酯、铝酸酯、锆铝酸酯、有机络合物、磷酸酯等）、表面活性剂（高级脂肪酸及其盐、高级胺盐、非离子型表面活性剂、有机硅油或硅树脂等）、有机低聚物及不饱和有机酸等。对于散体材料的不同颗粒形状、粒径及化学成分等，可根据改性机理选择合适的表面化学改性剂。

2.3　斥水化土壤制备

在工程领域，土壤分类是依据颗粒不同粒径所占比例来确定的。一般来说，粒径大于2mm 的称为粗粒，0.075～2mm 的称为粉粒，小于 0.075mm 的称为黏粒，其中粉粒和黏粒统称为细粒。要对不同粒径的土壤改性使其斥水化，改性剂和改性方式的选择也不尽相同。相同条件下，颗粒越细（粒径越小），其比表面积越大且颗粒之间的微观力作用越明显，导致其表面改性的难度也越高。表面活性剂在界面上的吸附表现一般为微单分子层，当表面吸附达到饱和时，表面活性剂分子不能继续在表面富集，而疏水基的疏水作用仍竭力促使其远离水分子。用表面活性剂对土颗粒表面进行处理进而影响溶剂的表面张力（气-液）和界面张力（液-液），达到改变土颗粒与溶剂相互作用的目的。研究表明，对于粗粒土的改性，可采用液相包覆的方法来实现；对于细粒土的改性，可采用固相包覆的方法来实现。下面分别对粗粒土和细粒土的斥水化过程进行详细描述。

2.3.1 斥水化粗粒土

粗粒土比表面积小，颗粒之间微观作用小，孔隙大，液相包覆能够有效覆盖颗粒表面和颗粒之间的孔隙，是比较合适的改性方式。本章主要采用三种改性剂来开展粗粒土的斥水化研究，分别为十二烷基硫酸钠、硅烷偶联剂（KH-792）和二氯二甲基硅烷。十二烷基硫酸钠是一种有机化合物，化学式为 $CH_3(CH_2)_{11}OSO_3Na$，为白色或淡黄色粉末，微溶于水，对碱和硬水不敏感。具有较强的去污、乳化和发泡能力，是一种对人体基本无害的阴离子表面活性剂，生物降解度可超过 90%；硅烷偶联剂（KH-792）是一种双氨基型官能团硅烷，化学式为 $NH_2(CH_2)_2NH(CH_2)_3Si(OCH_3)_3$，外观为无色或微黄色透明液体，能溶于乙醚和苯中，与丙酮和四氯化碳发生化学反应，常用于提高树脂跟无机涂层、塑胶涂层和无机填充物表面的粘结力；二氯二甲基硅烷为一种有机化合物，化学式为 $(CH_3)_2Cl_2Si$，外观为无色透明液体，易在潮湿空气中形成烟雾，常用作有机硅树脂单体及有机硅化合物的合成。下面具体介绍以下三种改性剂对粗粒土的改性过程。

1）粗粒土基本性质

粗粒土选自某一工程的砂土（图 2.3-1），其基本参数为：相对密度 2.66，天然干密度 $1.35g/cm^3$，最大干密度 $1.51g/cm^3$，最小干密度 $1.17g/cm^3$，天然孔隙比 0.45，天然含水率 1.02%，饱和含水率 42.3%。取干样 435.3g 进行筛分试验，可得各粒组含量和小于某种粒径（筛眼孔径）砂土质量占总质量的百分数，具体见表 2.3-1，相应的粒径分布曲线见图 2.3-2。

砂土筛分试验结果 　　　　　　　　　　　　　　　　表 2.3-1

筛孔直径/mm	5	2	1	0.5	0.25	0.075	<0.075	合计
留筛质量（即粒组含量）/g	0	14.4	97.0	153.2	127.8	40.7	2.2	435.3
大于此粒径的土占总土质量百分数/%	0	3.31	25.59	60.78	90.14	99.49	100	—
小于此粒径的土占总土质量百分数/%	100	96.69	74.41	39.22	9.86	0.51	0	—

 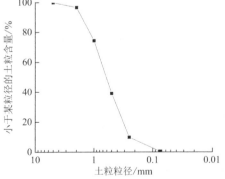

图 2.3-1　试验用砂　　　　　图 2.3-2　砂土粒径分布曲线

2）预处理砂土的制备

天然砂土色泽偏灰，颗粒中混有少量肉眼可视杂质。为剔除杂质对改性效果的影响，先将砂土进行预处理，处理后的砂土命名为普通砂土。

（1）所需材料与设备：普通砂土、正丁醇、去离子水、恒温水浴锅、烧杯、玻璃棒等。

（2）操作步骤

将普通砂土在自来水下反复冲洗至少 5 遍后置于 105℃烘箱中烘干。设置水浴锅温度为 60℃，采用正丁醇浸泡水洗砂 3h，液面需浸没整个砂土（图 2.3-3）；然后取出水浴砂土冷却后，再用去离子水反复清洗至杂质完全去除（图 2.3-4）；最后再将清洗后的砂置于 105℃烘箱中烘干，取出密封保存。至此，改性用砂原材料制备完毕（图 2.3-5）。该类砂土命名为预处理砂土，命名为①号砂土。较普通砂土而言，①号砂土颜色偏白，颗粒干净无粘结，能满足后续改性要求。

图 2.3-3　正丁醇水浴砂过程

(a) 水浴结束　　　　　　　　　(b) 洗净表面油污

图 2.3-4　去离子水洗砂土过程

(a) 水浴结束　　　　　　　　　(b) 洗净油污

图 2.3-5　预处理后的砂土

3）十二烷基硫酸钠改性砂土的制备

（1）所需材料：十二烷基硫酸钠、丙酮、去离子水、预处理砂土、恒温水浴锅、烧杯、玻璃棒等。

（2）操作步骤

十二烷基硫酸钠微溶于水，但其易溶于较高温度（≥50℃）的丙酮液体中（图2.3-6）。故将十二烷基硫酸钠和丙酮按1g：10mL的比例混合，在混合液中多次少量加入90℃去离子水并用玻璃棒不停搅拌，直至十二烷基硫酸钠完全溶解，此时蒸馏水用量约为丙酮溶液的1/10。再将混合溶液（单位：mL）按砂土（单位：g）50%的比例倒入砂中，在50℃恒温水浴锅中水浴8h（图2.3-7）。然后用去离子水洗至少1遍，最后置于105℃烘箱内烘干。至此，十二烷基硫酸钠改性砂土制备完毕，命名为②号砂土（图 2.3-8）。②号砂土颜色较①号砂土深，为浅棕色，稍有结块但易捏碎，颗粒之间无明显粘结。

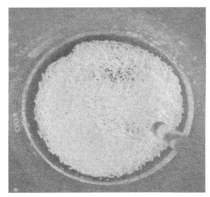 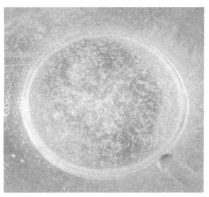

(a) 丙酮中加入十二烷基硫酸钠　　　(b) 丙酮、十二烷基硫酸钠和热水混合后

图 2.3-6　十二烷基硫酸钠在丙酮中的溶解效果

图 2.3-7　"十二烷基硫酸＋丙酮"水浴砂　　图 2.3-8　十二烷基硫酸钠改性砂土

4）硅烷偶联剂改性砂土的制备

（1）所需材料：硅烷偶联剂（KH-792）、无水乙醇、去离子水、预处理砂土、恒温水浴锅、烧杯、玻璃棒等。

（2）操作步骤

将硅烷偶联剂、无水乙醇、去离子水按 15%：75%：10%的体积比例配制成偶联剂混合液，按 100g 砂：25mL 偶联剂混合液的比例将预处理砂土与偶联剂混合液混合，然后在 105℃恒温水浴锅中搅拌不小于 15min。取出后置于通透环境下冷却 3h，随后用去离子水浸泡 24h，最后在 105℃烘箱中烘干 10h。至此，硅烷偶联剂改性砂土制备完成，命名为③号砂土（图 2.3-9）。可以看出，③号砂土呈小块状，颜色较改性前砂土稍深，呈深棕色，颗粒间粘结性很强，使用前应将其碾碎过 2mm 筛。

图 2.3-9　硅烷偶联剂改性砂土

5）二氯二甲基硅烷改性砂土的制备

（1）所需材料：二氯二甲基硅烷、预处理砂土、密封乐扣塑料容器、保湿箱、玻璃量筒等。

（2）操作步骤

称取预处理砂土在密封乐扣塑料容器中，通常 1000mL 容积的容器装砂量不宜超过 900g。将二氯二甲基硅烷以 1%含量对砂土斥水化处理（1%表示二氯二甲基硅烷 1mL：砂土 100g），以此获得不同斥水程度的改性砂土。首先将二氯二甲基硅烷与丙酮进行混合使前者完全溶解，然后再将两者的混合溶液加入砂中。为保证混合溶液与砂土充分接触，将其置于 65℃恒温水浴中不少于 4h。最后用去离子水洗净后置于干燥空旷处晾干。至此，二氯二甲基硅烷改性砂土制备完成，命名为④号砂土（图 2.3-10）。可以看出，④号砂土呈黄色，颗粒之间粘结程度不大，有轻微的刺鼻味。需要注意的是，由于二氯二甲基硅烷与空气中的水汽会产生化学反应生成氯化氢，具有一定的刺激性和腐蚀性，因此操作过程中要做好相关防护措施。

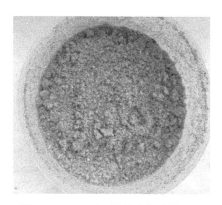

图 2.3-10　二氯二甲基硅烷改性砂土

2.3.2 斥水化细粒土

细粒土比表面积大，颗粒之间微观作用力明显，孔隙小，改性时难以将颗粒完全分散开来，因此液相包覆法的改性效果不佳。固相包覆法虽然无法使每个颗粒都被改性，但是对于工程而言，更关注的是改性土的宏观效果，并不在意某一个颗粒本身的性质。因此对细粒土来说，固相包覆法更适合。本章重点研究十八烷基伯胺改性细粒土的基本性质。十八烷基伯胺外观为白色蜡状固体，化学式为 $C_{18}H_{39}N$，具有弱刺激性氨味，不溶于水，易溶于氯仿、溶于乙醇、乙醚及苯等，可与酸反应生成胺盐。十八烷基伯胺是阳离子和两性离子表面活性剂的重要中间体，可作为矿物浮选剂、化肥抗结块剂、沥青乳化剂、纤维防水柔软剂、染色助剂、抗静电剂、颜料分散剂、防锈蚀剂、润滑油添加剂、杀菌消毒剂和彩色照片成色剂等。无刺鼻气味，价格低廉且属于无毒类药剂。生物试验表明，试验小白鼠按每日 500mg/L 的剂量服用 2 年，并无明显毒性反应产生，是一种良好的改性剂。下面具体介绍十八烷基伯胺对细粒土的改性过程。

1）细粒土基本性质

试验用土来自某工程现场，碾碎过 2mm 筛后备用。基本参数：天然含水率 3.43%，相对密度为 2.74，最大干密度为 1.46g/cm³，最优含水率为 19.7%，液限为 43.5%，塑限为 20.8%，塑性指数为 20.7。通过激光粒度分布仪（BT-9300ST 型）测定的粒径分布曲线见图 2.3-11，该土粒径小于 0.002mm 占总颗粒比为 18.51%、粒径为 0.002～0.02mm 占总颗粒比为 41.63%，粒径为 0.02～2mm 的土壤颗粒占比 39.96%。

根据《公路土工试验规程》JTG 3430—2020 中土体分类标准，该土定义为高液限红黏土（红土），见图 2.3-12。

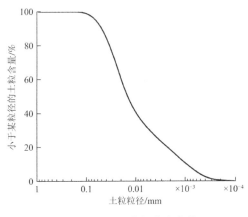

图 2.3-11　红土粒径分布曲线　　　　　　　图 2.3-12　试验红土

2）十八烷基伯胺改性红土的制备

（1）所需材料：十八烷基伯胺、过 2mm 筛红土、塑料容器、烘箱等。

（2）操作步骤

将十八烷基伯胺磨碎成粉末状，将其倒入红土中加水充分搅拌饱和；然后将混合物放在金属托盘内置于烘箱中，在 75℃条件下烘干；最后将其碾碎过 2mm 筛后密封保存。至此，十八烷基伯胺改性红土制备完毕。按照十八烷基伯胺与红土的质量比例分别为 0、0.2%、0.3%、0.4%、0.5%、0.6%、0.7%、0.8%、1%和1.2%的要求，配制了相应的斥水红土。

2.4　斥水化土壤斥水度测定

针对不同改性方式的改性土壤，在相同试验条件下采用滴水穿透时间法和酒精溶液入渗法测定了改性土壤的斥水度，并研究了土壤斥水度随时间增长的变化规律，综合评价了不同改性条件下的土壤斥水化效果。

2.4.1　斥水度测定步骤

（1）滴水穿透时间法（WDPT）

取试样若干克在50℃烘箱中干燥后摊铺在圆饼状塑料容器上（聚丙烯材质，可耐温度：−20～120℃；直径101mm），振实装样并将表面整平。用标准滴定管将去离子水滴到试样表面，同时测定水滴完全渗入砂土所需时间。为降低制样不均匀性对测试结果的影响，在试样表面选取3处（正三角形分布）测定滴水穿透时间。每滴水量为0.04mL，每处滴水5滴，共计0.2mL，取3处滴水穿透时间平均值作为最终结果。整个试验过程中温度控制在24℃±1℃，湿度控制在64%±2%。相应的斥水度等级标准见表2.4-1。

斥水等级标准——滴水穿透时间法　　　　　　　　　　　表 2.4-1

入渗时间/s	< 5	5～60	60～600	600～3600	> 3600
斥水等级	无	轻微	中等	严重	极度

（2）酒精溶液入渗法（MED）

酒精溶液入渗法的液滴测定过程与滴水穿透时间法的一样，区别在于需提前配制好不同酒精浓度的溶液。酒精体积百分数通常按由小到大，分别为0、1%、3%、5%、8.5%、11%、13%、18%、24%和36%。测试时，按酒精浓度由小到大顺序开始测试，用标准滴定管将某浓度的酒精溶液滴至试样表面。当某个浓度的液滴在5s内完全入渗时，该酒精浓度对应的斥水度标准即为试样的斥水等级。相应的斥水度等级标准见表2.4-2。

斥水等级分类标准——酒精溶液入渗法　　　　　　　　　表 2.4-2

摩尔浓度/（mol/L）	0	0.17	0.51	0.85	1.45	2.22	3.07	4.09	6.14	> 6.14
酒精浓度/%	0	1	3	5	8.5	13	18	24	36	> 36
斥水等级	无		轻微		中等		严重		极度	

2.4.2　改性砂土斥水效果

采用滴水穿透时间法，开展了改性砂土连续7d的斥水度测定。不同编号砂土测定的滴水穿透时间及相应的斥水等级见图2.4-1，具有极度斥水等级的改性砂土与普通砂土斥水效果见图2.4-2。因超过3600s的试样斥水等级均为极度，为绘图更方便，此处将滴水穿透时间超过3600s的时间统一调整为5000s。可以看出，当水滴滴入①号砂土表面时则快速入渗，渗透时间不足1s，入渗后砂土润湿面呈散开状且无论历时多长，均呈上述形态，表明普通砂土无斥水性；②号砂土在初期斥水等级为轻微，历时24s后完全入渗，历时2d后斥水性消失，整体上无明显斥水性；③号砂土在初期无斥水性，随着时间的推移，其斥水性明显增强，第 5d 时滴水穿透时间即超过了 3600s，斥水等级为极度，并保持稳定；④号砂土在初期的滴水穿透时间就超过了 3600s，斥水等级为极度，并保持稳定。

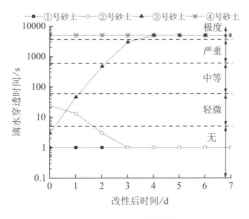

图 2.4-1　改性砂土的滴水穿透时间法
测定结果

图 2.4-2　斥水砂土（左，④号砂土）与
普通砂土（右，①号砂土）

采用酒精溶液入渗法，同时开展了改性砂土连续 7d 的斥水度测定。不同编号砂土测定的酒精溶液入渗浓度及相应的斥水等级见图 2.4-3。可以看出，无论何时，①号砂土仍表现出无斥水性；②号砂土在前 3d 的酒精体积百分数为 5%，随着时间的推移，酒精体积百分数逐渐降至零，按照评价标准仍可定为无斥水性；③号砂土在第 1d 的酒精体积百分数为 1%，无斥水性；随着时间的推移，该数值逐渐增大，直至第 7d 达到峰值的 36%，这表明该类砂土斥水度会随时间变化而增大；④号砂土在初期，其酒精体积百分数即达到 36%，表现出极度斥水，且保持稳定。这与滴水穿透时间法的结果是一致的。虽然酒精溶液入渗法评价标准较滴水穿透时间法更为详细，但是对于斥水土壤而言，滴水穿透时间法更为实用，测试精度能满足要求，故后面斥水度测定方法均只采用滴水穿透时间法。

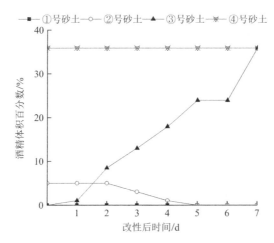

图 2.4-3　改性砂土的酒精溶液入渗法测定结果

为了从机理上明确二氯二甲基硅烷改性砂土产生斥水性的机理，针对改性前后砂土开展了 X 射线光电子能谱扫描测试（XPS），以确定砂粒表面物质组成。设备为南昌航空大学分析测试中心的 X 射线光电子能谱仪（图 2.4-4）。XPS 主要用于固体表面和界面的化学信

息，可以分析除氢、氦以外的所有元素，包括元素种类及价态，并可以提供测定元素相对含量的半定量分析。XPS 与成像功能和离子溅射蚀刻相结合，可以用于固体表面元素成分及价态的面分布和深度剖析。XPS 在各类功能薄膜的机理研究、纳米材料、高分子材料、材料的腐蚀与防护、催化剂研究与失效分析等方面广泛应用。结合其他表征技术，可以对腐蚀、催化、包覆、氧化等过程进行研究。具体测试结果见图 2.4-5。可以看出，改性之前只有 O-Si-O 单峰，改性之后同时存在 O-Si-O 和 O-Si-C 两种峰。二氯二甲基硅烷处理后的砂土表面碳含量明显增加，主要以甲基形式存在，而这正是砂土表面产生斥水的主要原因。

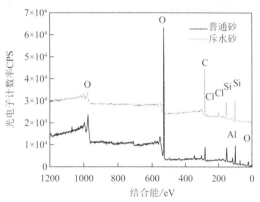

图 2.4-4　X 射线光电子能谱仪
（Axis Ultra DLD）

图 2.4-5　砂土改性前后 XPS 分析测试结果

2.4.3　改性红土斥水效果

采用滴水穿透时间法，开展了改性红土连续 7d 的斥水度测定。不同十八烷基伯胺含量的改性红土滴水穿透时间及相应的斥水等级见图 2.4-6，具有极度斥水等级的改性红土与普通红土斥水效果见图 2.4-7。可以看出，随着十八烷基伯胺含量的增加，改性红土的滴水穿透时间逐渐增大。十八烷基伯胺质量分数不超过 0.4% 时，斥水红土并不表现出斥水性。当质量分数增至 0.5% 时，滴水穿透时间为 355s，斥水等级为中等。当质量分数增至 1% 时，滴水穿透时间为 4886s，斥水等级已达到极度。

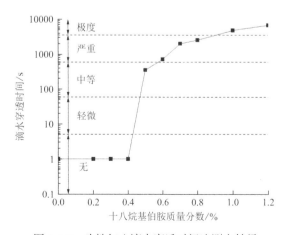

图 2.4-6　改性红土滴水穿透时间法测定结果

图 2.4-7　普通红土（左，0）和斥水红土（右，1.2%）

2.5　斥水化土壤接触角测定

前面所述两种方法均借鉴土壤农业领域快速测定土壤斥水度的研究方法，虽然简便快捷，但是其仍属于定性评价方法。例如，甲类和乙类斥水土的滴水穿透时间分别为 6000s 和 60000s，按现有评价体系来看，这两类斥水土的斥水等级均为极度，但宏观上乙类的斥水性要明显强于甲类土的斥水性。因此，采用其他方法来定量评价土壤斥水度是非常有必要的。接触角作为反映材料润湿性的重要参数，被广泛应用于评价材料润湿性能。据此，本节采用毛细管上升法和接触角测定法，分别开展改性砂土和改性红土的斥水度定量评价研究。

2.5.1　毛细管上升法

毛细上升法是通过液体渗入散体材料内部毛细孔隙的速率来间接计算液体在土颗粒上接触角的方法。考虑在大气中将一细小玻璃管插入水中的情况，玻璃管直径用来模拟土中孔隙的平均大小，见图 2.5-1。由于收缩膜上的表面张力及水要浸湿玻璃管表面的趋势，水将沿着毛细管上升，这种毛细现象可用于弯液面周边的表面张力 σ 分析。表面张力 σ 的作用方向与垂直面成 θ 角度，称为接触角，其大小取决于收缩膜分析与毛细管材料之间的黏着程度。当液体渗入一有效半径为 r 的毛细管时，其渗入深度与时间关系可以用 Lucas-Washburn 方程表示。

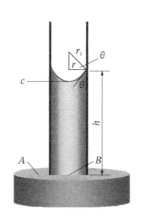

图 2.5-1　毛细作用及其物理模型

$$h^2 = \frac{r \cdot \sigma \cdot \cos\delta}{2\eta} t \tag{2.5-1}$$

式中：σ——液体表面张力（mN/m）；

　　　h——液体在 t 时间内渗入毛细管的深度（mm）；

　　　η——液体的黏度系数（mPa·s）。

有效半径的求法可用一接触角为 0 的液体求出。作 h^2-t 关系图，可以拟合求得斜率 K，则 $\cos\theta = 2\eta K/r\sigma$。需要说明的是，用毛细上升法所测得的接触角为前进接触角，且只适用于接触角小于 90° 的情况。标准液体采用正己烷（$CH_3(CH_2)_4CH_3$），一般认为其接触角为 0，属于完全亲水性液体。其表面张力和黏度系数见表 2.5-1。对同一土体而言，r 为常数，正己烷与土颗粒的接触角可为 0，故可用正己烷确定不同改性土体的 r 值，进而可测定同等条件下不同固液之间的接触角 θ 值。

正己烷表面张力和黏度系数　　　　　　　　　　　　　　　表 2.5-1

表面张力 σ/（mN/m）	黏度系数 η/（mPa·s）
18.44	0.294

采用正己烷开展上述 4 种改性砂土的毛细管上升试验（表 2.5-2），图 2.5-2 为不同改性砂土毛细管上升试验结果。经过 5d 的持续观察发现，历时 1d 后，4 类改性砂土的毛细管上升高度基本趋于稳定状态。可以看出，①号砂土与液体接触后短时间内迅速上升，达到最高点后保持稳定；②号砂土和③号砂土中液体稳步上升，上升速率先快后慢，主要集中在前 1h，③号砂土的液体上升高度要比②号砂土低，说明③号砂土斥水性较②号砂土强；④号砂土上升高度比其余 4 种改性砂土要小得多，说明其斥水性很强烈，液体上升时段主要集中在前 30min，长期作用下液面高度基本保持不变。

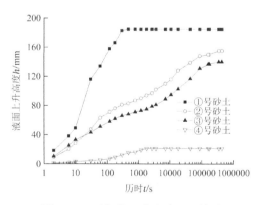

图 2.5-2　毛细管上升试验 h-$\lg t$ 关系

4 种砂土毛细管上升高度数据　　　　　　　　　　　　　　表 2.5-2

历时/s	液面上升高度/mm			
	①号砂土	②号砂土	③号砂土	④号砂土
2	18	9	10	1
6	38	20	25	2
10	49	28	33	3

历时/s	液面上升高度/mm			
	①号砂土	②号砂土	③号砂土	④号砂土
30	116	47	43	4
60	134	63	51	5
120	158	71	58	7
180	166	76	62	9
300	183	81	66	12
480	185	83	68	15
780	185	87	71	16
1200	185	90	73	19
1800	185	94	75	21
2700	185	97	79	21
3600	185	102	81	21
7200	185	110	89	21
10800	185	116	95	21
18000	185	128	103	21
43200	185	139	117	21
86400	185	148	131	21
172800	185	150	137	21
259200	185	150	137	21
345600	185	155	140	21
432000	185	155	140	21

图 2.5-3 为 h^2-t 关系曲线，其中 t 选取前 10s。代入式(2.5-1)中即可求出 4 种砂土的接触角，见表 2.5-3。可以看出，①号砂土颗粒接触角都很小，为 23.22°，表现为强亲水性；②号砂土颗粒接触角为 35.50°，表现为一般亲水；③号砂土颗粒接触角次之，为 65.99°，表现为一定的亚斥水性；④号砂土接触角达到 78.33°，具有较好的斥水性。试验结果进一步验证了二氯二甲基硅烷改性砂土具有显著斥水性，可作为制备斥水砂土的优选试剂。

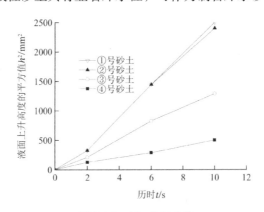

图 2.5-3　h^2-t 关系曲线

不同砂土的接触角计算结果　　　　　　　　　　表 2.5-3

编号	S①	S②	S③	S④
接触角	23.22°	35.50°	65.99°	78.33°

2.5.2　接触角测定法

接触角测量仪主要用于测量固液界面的接触角，该仪器能测量各种液体对各种材料的接触角，在石油、印染、医药、喷涂、选矿等行业中有非常重要的应用价值。所选固体界面可以是连续介质，也可以是颗粒较细的散体介质（如：粉末）。对于颗粒较粗的散体材料，除了颗粒表面性能外，颗粒之间的孔隙形态对接触角影响也很大，因此该法并不适用于改性砂土的接触角测定。对于红土来说，颗粒粒径较细，能满足测试要求。据此，本节采用接触角测定仪法开展了改性红土的接触角测定试验。在地表环境下，液滴体积越大，受重力的影响程度也越大。因此目前常见的接触角测量仪中，液滴体积非常小，此时表面张力的作用占据主导位置，更有利于观察固液界面润湿形态。

试验采用的仪器设备主要有：（1）液压式压片机 PC-1 型，用于制作薄饼状试样［图2.5-4（a）］；（2）SDC-100 光学接触角测定仪［图 2.5-4（c）］；（3）改性红土，基本性质见第 2.3.2 节；（4）铝盒、玻璃器皿、孔径 0.075mm 筛、无水乙醇等。

为测定不同十八烷基伯胺含量的改性红土接触角，按下述试验步骤开展。

（1）取土。取不同十八烷基伯胺含量的改性红土过 0.075mm 筛后，各称取 6g，密封于铝盒中。

（2）压片制样。采用红外压片机对试样进行压片。将模具底座固定好，把试样装入模具中铺平后放到压片机中进行压片，压力固定 10kPa 并保持 20s。随后取出模具，装上脱模工具并放在压片机中顶出，拿下脱模工具，将样品从模具中轻轻取出。照此方法依次制备了不同十八胺含量的压片试样［图 2.5-4（b）］。

（3）接触角测定［图 2.5-4（d）］。①开启计算机，打开 SDC-100 光学接触角测定仪电源开关，启动后打开软件进入测试界面；②调节光源，用无水乙醇清洁样品平台；③打开摄像头，并调节至画面清晰；④将样品放在样品平台中央，对准后滴水 5μL 于样品表面后立即截取若干接触图片；⑤选取合适图片，采用接触角计算软件分析得到接触角。每个试样滴定不同两处取其平均值作为最后测定结果。图 2.5-5 为普通红土与十八烷基伯胺质量分数为 0.8% 的改性红土接触角测定效果图。

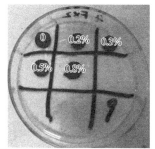

(a) 液压式压片机　　　　　　　　(b) 部分压片试样

(c) SDC-100 光学接触角测定仪　　　　(d) 接触角测定

图 2.5-4　接触角测定法主要过程

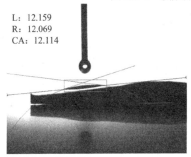

L: 12.159
R: 12.069
CA: 12.114

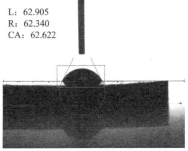

L: 62.905
R: 62.340
CA: 62.622

(a) 普通红土（0，接触角 12.114°）　　　(b) 改性红土（0.8%，接触角 62.622°）

图 2.5-5　普通红土与改性红土接触角测定结果

　　根据上述步骤，不同十八烷基伯胺含量的改性红土接触角测定结果见表 2.5-4 和图2.5-6。可以看出，随着十八烷基伯胺含量的增加，改性红土的接触角不断增大，两者呈较好的线性关系。当不含十八烷基伯胺时，红土的接触角为 11.386°，呈现典型亲水性；当十八烷基伯胺质量分数为 1.2%时，改性红土的接触角为 79.933°，相比于普通红土而言增大了 602%，此时表现出明显的亚亲水性。采用线性函数进行拟合，拟合斜率为 59.61，截距为 11.68，相关系数R_2为 0.99。改性红土接触角增大的主要原因是受十八烷基伯胺含量的增加而导致的，其含量越多，固液界面之间的表面能越低，更有利于改性红土宏观斥水度的增大，更有效地阻止水分入渗土壤内部。因此，接触角测定仪法适用于测定改性红土的宏观接触角，测定效果好，精度也能接受。

不同十八烷基伯胺含量改性红土接触角测定值　　　　　　　　　表 2.5-4

十八烷基伯胺质量分数/%	第 1 次接触角/°	第 2 次接触角/°	接触角平均值/°
0.0	12.114	10.658	11.386
0.2	22.325	20.196	21.261
0.3	29.248	28.663	28.956
0.4	34.456	35.285	34.871
0.5	41.224	43.782	42.503
0.6	49.845	50.327	50.086
0.7	53.657	52.803	53.230
0.8	62.622	64.215	63.419
1	71.182	70.657	70.920
1.2	79.408	80.457	79.933

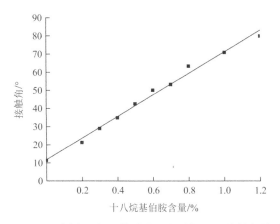

图 2.5-6　不同十八烷基伯胺含量的改性红土接触角关系

2.6　斥水化土壤微观形态观测

由于砂土颗粒粒径较大，其表面形态较红土更为直观，因此微观形态观测主要是针对改性红土。主要采用 XRD 衍射法和扫描电镜来观测改性红土表面微观形态。本节将普通红土和十八烷基伯胺含量为 1% 的改性红土观测结果总结如下。

2.6.1　观测设备

观测设备主要为 X 射线衍射仪和 SEM 扫描电镜等。X 射线衍射仪为德国布鲁克公司生产的 D8-ADVANCE 型（图 2.6-1），该仪器在化学、物理、材料、生物及矿物学领域均有广泛应用，用以开展改性红土矿物及化学成分的分析。扫描电镜为日本日立公司生产的 SU1510 型扫描电镜（图 2.6-2），该仪器具有全自动真空系统、操作简单、分辨率高等优点，可利用二次电子和背散射电子信号对金属材料、复合材料、高分子材料和生物材料等进行表面微区组织结构与形貌特征观察和分析。

图 2.6-1　D8-ADVANCE 型　　　　　　　图 2.6-2　SU1510 型扫描电镜
　　　　X 射线衍射仪

2.6.2　操作步骤

（1）X 射线衍射（XRD）试验。先将试样碾碎后放入 75℃烘箱中烘干 8h，然后取出置于研钵中仔细研磨并过 0.075mm 筛，再将过筛后的细粉试样密封干燥保存。试验时直接取样按仪器操作要求进行衍射分析。

（2）扫描电镜（SEM）试验。由于电镜样本相对于土工试验样本更为精细，因此在制备电镜样本时要足够仔细。首先用普通 A4 纸制成边长为 3mm×3mm×3mm 的纸质模具，将浸泡后的试样依次填入模具中压实，放入 75℃的烘箱中至少 24h 后将土样完整取出，然后用导电胶固定在靶台上。操作过程中避免手接触到试样，防止汗液和油脂等杂质污染试样表面。随后采用抽真空镀金仪对试样进行抽真空镀金处理（图 2.6-3）。最后在其表面镀一层薄金膜，保证其具有良好导电性。

图 2.6-3　抽真空镀金仪

2.6.3　结果分析

图 2.6-4 为普通红土的 XRD 衍射图谱。结果表明：该红土主要由石英、白云母、高岭石、三水铝矿等矿物组成，其中石英占比 34.1%，三水铝矿占比 24.3%，白云母占比 15.7%，高岭石占比 10.2%，铁氧化物占比 9.4%，赤铁矿占比 6.3%，均属于亲水性矿物。图 2.6-5 为场发射扫描电镜（SEM）试验结果。结果表明：改性前后试样表面微观变化不大且总矿物成分不变，并无新物质产生。在化学成分上，十八烷基伯胺改性红土的碳、氢、氧三种元素占比相对高于普通红土，主要是由于十八烷基伯胺本身的化学成分导致的。整个改性过程既没有新物质的生成，也没有旧矿物的消失，只是改性过程中十八烷基伯胺的形态发生了改变，附着在土壤颗粒表面使土壤宏观上表现出斥水性。土壤矿物并未发生变化，表明土壤力学性质并未受到明显影响，而斥水性又能显现，这对工程中抗渗和强度要求是极为有利的。

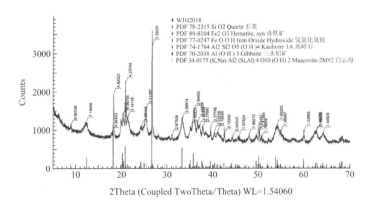

图 2.6-4　普通红土 XRD 衍射图谱

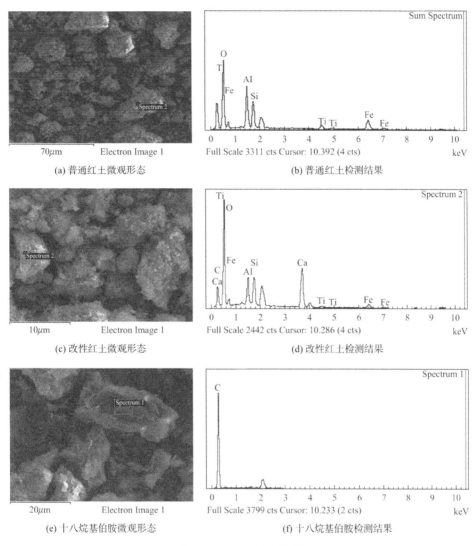

图 2.6-5　SEM 试验结果

2.7　它型斥水度检测剂检测效果

前述土壤斥水度检测试剂为去离子水和酒精溶液。滴水穿透时间法缺点在于检测精度低，同一等级滴水穿透时间范围较广，对于斥水等级为严重和极端的检测时间长达 1h 之久，试验误差较大，检测效率较低，随意性较明显。酒精溶液入渗法要先配置 8 种不同浓度的酒精溶液，工作量较大，而且酒精属于易挥发溶质，实际测试时的酒精浓度与理论上配置的存在一定偏差，测试结果不准确。是否可以寻找其他检测试剂，满足既不需要复杂的溶液配置，又能快速测定土壤斥水度，这对斥水度评价体系的完善是十分必要的。据此，本节采用 20 余种不同试剂开展了土壤斥水检测试验，以期寻求合适的它型斥水度检测剂。

2.7.1　试验方案

检测剂为常见的化学试剂，包括有机溶液、无机溶液和混合溶液共计 22 种，具体见表

土壤斥水化及其工程性质研究

2.7-1。检测方法和步骤与滴水穿透时间法相同，重点观察上述试剂在试样表面的入渗时间以评价土壤的斥水程度。

它型检测剂基本信息 表 2.7-1

类别		名称	基本信息和浓度（20℃时）
有机溶液	苯类	苯	C_6H_6
		甲苯	$C_6H_5CH_3$
	醇类	异丙醇	C_3H_8O
		丙三醇	$C_3H_8O_3$
	醛类	戊二醛	$C_5H_8O_2$
	醚类	二苯醚	$C_{12}H_{10}O$
	烷类	二氯甲烷	CH_2Cl_2
	酯类	钛酸四丁酯	$C_{16}H_{36}O_4Ti$
	其他类	乙酸	$C_2H_4O_2$
		三乙胺	$C_6H_{15}N$
		三乙醇胺	$C_6H_{15}NO_3$
		乙腈	C_2H_3N
		吡啶	C_5H_5N
		油酸	$C_{18}H_{34}O_2$
无机溶液	酸	浓盐酸	HCl，12mol/L
	碱	氢氧化钠水溶液	NaOH，81.1g/100g
		氢氧化钙水溶液	CaOH，0.166g/100g
	盐	氯化钠水溶液	NaCl，35.9g/100g
		碳酸氢铵水溶液	NH_3HCO_3，20g/100g
		碳酸钠水溶液	Na_2CO_3，21.5g/100g
混合溶液		84 消毒液	好宜佳，500g 包装
		洁厕净	净丽邦，1500g 包装

2.7.2 试验结果与分析

结果表明，洁厕净和戊二醛对斥水剂都具有良好的检测效果，其余试剂对斥水度检测效果没有明显规律。洁厕净内成分复杂，到底哪种成分对斥水剂敏感并不清楚，故本节暂不对其深入研究。戊二醛作为斥水检测剂初测效果较佳，因此本节重点开展了戊二醛作为它型检测剂的斥水度检测效果试验，并与现有斥水度检测方法进行了对比。

进一步地，调配不同浓度的戊二醛（原试剂为50%分析纯）溶液，选取多种不同斥水等级的土壤进行试验。分别采用滴水穿透时间法（WDPT）和酒精溶液入渗法（MED）及戊二醛溶液入渗法（Molarity of Glutaraldehyde Drop Penetration Time，MGDPT）三种方法开展了斥水土壤斥水度检测试验，结果见表 2.7-2。表 2.7-2 中 MGDPT（1∶3.5）指戊二

42

醛溶液入渗法检测中，戊二醛与去离子水的体积比为 1 : 3.5，其余同理。可以看出，戊二醛溶液入渗检测灵敏度高，测试区间广，液滴所需入渗时间较 WDPT 法更短，所需配比较 MED 法更少，检测结果具有较高可信度。在此基础上，本节建议了戊二醛溶液入渗法的检测标准和评价体系，具体见表 2.7-3。该法在原有斥水等级基础上，增加了"高等""强烈"和"深度"三个等级，可作为传统土壤斥水度检测方法的补充，完善了现有斥水度评价体系，评价标准更精确。

三种斥水度检测剂检测结果   表 2.7-2

试样编号	斥水等级	WDPT	MED	MGDPT（1 : 3.5）	MGDPT（1 : 0.2）
		s	%	s	s
①	无	< 1	< 1	< 1	—
②	无	1	3	0～3	—
③	轻微	20	5	3～11	—
④	中等	99	8.5	11～30	—
⑤	中等	367	13	30～100	—
⑥	严重	1898	18	—	5～20
⑦	严重	3175	24	—	20～45
⑧	极度	8964	36	—	> 45

戊二醛溶液入渗时间法检测标准与评价体系   表 2.7-3

戊二醛与水体积比	1 : 3.5					1 : 0.2		
液滴入渗时间/s	0～3	3～11	11～30	30～65	65～100	5～20	20～45	> 45
等级	0 级	1 级	2 级	3 级	4 级	5 级	6 级	7 级
斥水性	无	轻微	中等	高等	强烈	严重	深度	极度

2.8 斥水土壤制备技术和要点

本章以砂土和红土为代表，分别开展了粗粒土和细粒土的斥水改性，取得了不错的改性效果。下面对这两种类型斥水土壤的制备和要点进行总结归纳，为今后斥水土壤制备和应用提供参考。

（1）斥水砂土制备

取干净砂土置于密闭塑料容器中。首先将二氯二甲基硅烷完全溶解于丙酮中，随后将该混合液体加入砂土中，并置于 65℃恒温水浴设备中不少于 4h。然后将砂土取出并用去离子水完全冲洗干净后晾干，最后将其碾碎密封保存。至此，二氯二甲基硅烷改性砂土制备完成。整个过程中，二氯二甲基硅烷与砂土的比例宜取 1%（1% 表示：二氯二甲基硅烷 1mL：砂土 100g），此时即可达到显著斥水效果。操作时要注意保护皮肤和呼吸道，防止受到伤害。

（2）斥水红土制备

取干燥洁净红土过 2mm 筛后置于搅拌容器。将十八烷基伯胺磨成粉末状后，倒入搅拌容器内加水使之充分搅拌饱和。然后将混合物取出置于烘箱中，并在 75℃条件下烘干。最后再将其碾碎过 2mm 筛后密封保存。至此，十八烷基伯胺改性红土制备完毕。十八烷基伯胺的质量分数不宜低于 0.8%，烘干过程中可每隔 1h 取出搅拌，直至混合物板结成半固态。

2.9　本章小结

（1）系统介绍了表面化学改性法的原理和改性剂的种类，提出了采用二氯二甲基硅烷改性砂土和十八烷基伯胺改性红土的操作步骤和实施过程，采用了滴水穿透时间法、酒精入渗溶液法、毛细管上升法和接触角测定法开展斥水化土壤的斥水等级测定试验，并进行了相应的微观形态观测。

（2）二氯二甲基硅烷改性砂土的斥水效果非常良好，采用滴水穿透时间法测定的斥水等级为极度，并保持长期稳定。采用毛细管上升法测定的接触角达到 78.33°，表明其具有较好的斥水性。

（3）斥水红土斥水等级随着十八烷基伯胺含量的增大而增大，与十八烷基伯胺和土壤颗粒接触程度密切相关。十八烷基伯胺的质量分数不超过 0.4% 时，斥水红土并不表现出斥水性。当增至 0.5% 时，斥水等级为中等。当增至 1% 时，斥水等级已达到极度。当十八烷基伯胺质量分数为 1.2% 时，改性红土的接触角为 79.93°，相比于普通红土而言增大了 602%，表明其具有较好的斥水性。

（4）对红土而言，改性前后试样表面微观变化不大且总矿物成分不变，无新物质产生。在化学成分上，十八烷基伯胺改性红土的碳、氢、氧三种元素占比相对高于普通红土，主要是由于十八烷基伯胺本身的化学成分导致的。整个改性过程既没有新物质的生成，也没有旧矿物的消失，只是改性过程中十八烷基伯胺的形态发生了改变，附着在土壤颗粒表面使土壤宏观上表现出斥水性。土壤矿物并未发生变化，表明土壤力学性质并未受到明显影响，而斥水性又能增大，这对工程中抗渗和强度要求是极为有利的。

（5）开展了它型斥水度检测剂的检测试验，提出了戊二醛溶液入渗法开展斥水土壤斥水度检测试验。结果表明戊二醛溶液入渗法检测灵敏度高，测试区间广，液滴所需入渗时间较滴水穿透时间法更短，所需配比较酒精溶液入渗法更少，检测结果具有较高可信度。在此基础上，提出了戊二醛溶液入渗法的检测标准和评价体系。

参考文献

[1]　Yu X, Wang Z, Jiang Y, et al. Reversible pH-responsive surface: from superhydrophobicity to superhydrophilicity[J]. Advanced Materials, 2005, 17(10): 1289-1293.

[2]　代学玉, 汪永丽, 高兰玲. 化学沉积法制备超疏水表面的研究进展[J]. 山东化工, 2017, 18: 57-58.

[3]　Liu H, Feng L, Zhai J, et al. Reversible wettability of a chemical vapor deposition prepared ZnO film between superhydrophobicity and superhydrophilicity[J]. Langmuir, 2004, 20(14): 5659-5661.

[4]　韩小斐. 功能纳米金属氧化物薄膜的电化学制备与光学性质的研究[D]. 杭州: 浙江大学, 2006.

[5]　熊金平, 叶皓. 氧化物薄膜电化学沉积的研究进展[J]. 材料保护, 2002, 35(2): 4-6.

[6] Wu X D, Zheng L J, Wu D. Fabrication of superhydrophobic surfaces from microstructured ZnO-based surfaces via a wet-chemical route[J]. Langmuir, 2005, 21(7): 2665-2667.

[7] Hosono E, Fujihara S, Honma I, et al. Superhydrophobic perpendicular nanopin film by the bottom-up process[J]. Journal of the American Chemical Society, 2005, 127(39): 13458-13459.

[8] 李启厚, 吴希桃, 黄亚军, 等. 超细粉体材料表面包覆技术的研究现状[J]. 粉末冶金材料科学与工程, 2009, 14(1): 1-6.

[9] 邓爱民, 穆锐, 苏昭玮. 负离子粉表面改性方法与聚合物包覆性能研究[J]. 表面技术, 2021, 50(3): 232-238.

[10] 刘建辉, 常素芹. 氢氧化镁表面化学改性及其在塑料中的应用研究进展[J]. 塑料科技, 2012, 40(1): 99-103.

[11] Fredlund D G, Morgenstern N R. Stress state variables for unsaturated soils[J]. Journal of Geotechnical Engineering Division, 1977, 103: 447-466.

[12] 王中平, 孙振平, 金明. 表面物理化学[M]. 上海: 同济大学出版社, 2015.

[13] 吴延磊, 李子忠, 龚元石. 两种常用方法测定土壤斥水性结果的相关性研究[J]. 农业工程学报, 2007, 23(7): 8-13.

[14] 赵亚溥. 表面与界面物理力学[J]. 北京: 科学出版社, 2012.

[15] 成娟, 李玲, 刘科. 液体表面张力系数与浓度的关系实验研究[J]. 中国测试, 2014, 40(3): 32-34.

[16] 杨松, 龚爱民, 吴珺华, 等. 接触角对非饱和土中基质吸力的影响[J]. 岩土力学, 2015, 36(3): 674-678.

第3章

斥水土壤物理性质试验研究

　　第2章采用不同表面活性剂对土壤进行了斥水化处理，获得了具有显著斥水效果的斥水土壤。在土木、水利、交通等工程领域，斥水土壤是否能应用于实际工程，关键还在于改性后的土壤，其工程性质是否满足需求。在这其中，斥水土壤的物理性质是开展工程应用的首要考察因素。对于斥水砂土而言，由于其改性方式是液相包覆法，只是在颗粒表面附着了一薄层斥水剂，其物理性质并未发生明显变化，因此暂未对斥水砂土开展相关研究。据此，本章重点开展了斥水红土物理性质相关试验，获得了斥水红土相关性质变化的一般规律。在此基础上，开展了不同温度、土壤级配、溶质浸泡等试验，探究斥水红土斥水度受不同因素影响下的变化规律，为十八烷基伯胺斥水红土工程应用提供试验基础。整个过程中实时检测斥水红土的斥水度，以获得不同条件下斥水红土斥水度的变化规律。

3.1 斥水红土物理性质试验

　　试验对象为第2章中配制的不同十八烷基伯胺含量的斥水红土。物理性质主要包括临界含水率、界限含水率（液限和塑限）、最大干密度及最优含水率等，采用的试验方法分别为滴水穿透时间法、液塑限联合测定法和击实法。

3.1.1 临界含水率试验

　　（1）所需材料：斥水红土、去离子水、喷雾器、胶头滴管、计时器、烘箱等。
　　（2）操作步骤
　　为探究不同十八烷基伯胺含量下斥水红土初始含水率对斥水程度的影响，采用滴水穿透时间法开展了相应的斥水等级检测，检测标准参见表2.4-1。具体步骤为：①分别配置十八烷基伯胺含量为0.2%、0.4%、0.6%、0.8%和1%的5组斥水红土。②按照临界含水率试验方案，采用喷雾器对斥水土壤增湿并搅拌均匀后，置于保湿箱内至少24h，保证试样内部水分均匀。试验方案见表3.1-1，共计16组。其中最后一行为试样饱和状态下的含水率。③取出部分试样测定其含水率，同时采用滴水穿透时间法测定其穿透时间，确定相应的斥水等级。

临界含水率试验方案　　　　　　　　　　　　　　　　表3.1-1

十八烷基伯胺含量/%	0.2	0.4	0.6	0.8	1	十八烷基伯胺含量/%	0.2	0.4	0.6	0.8	1
初始含水率/%	3.41	3.42	3.35	3.27	3.22	初始含水率/%	23.11	24.21	24.68	25.78	23.68
	10.89	10.21	10.55	10.82	10.49		24.67	25.43	26.01	26.24	25
	11.76	11.45	11.78	11.29	11.63		25.87	26.75	26.72	26.67	26.79

续表

十八烷基伯胺含量/%	0.2	0.4	0.6	0.8	1	十八烷基伯胺含量/%	0.2	0.4	0.6	0.8	1
初始含水率/%	15.24	17.72	16.34	16.86	16.49	初始含水率/%	26.27	26.84	26.85	27.32	27.98
	17.21	18.02	17.23	17.67	17.43		27.82	27.73	27.21	27.87	28.16
	18.11	20.96	19.11	19.45	18.42		28.34	29.78	28.29	28.02	28.82
	21.86	21.23	20.68	19.32			30.7	30.44	29.29	29.01	30.58
	22.67	23.1	21.61	20			31.47	31.19	30.12	30.21	31.08

3.1.2　界限含水率试验

（1）所需材料：STGD-5 光电式液塑限联合测定仪（图 3.1-1），标准配套圆锥（图 3.1-2）以及三个标准试样杯；斥水红土，电子天平、孔径为 0.5mm 的筛、调土刀、喷雾器、烧杯、量筒、胶头滴管、凡士林、铝盒、托盘、烘箱等。

图 3.1-1　STGD-5 光电式　　图 3.1-2　标准配套圆锥
液塑限联合测定仪

（2）操作步骤

为探究不同十八烷基伯胺含量对斥水红土界限含水率的影响，采用液塑限联合测定仪进行界限含水率试验，落锥深度为 17mm。称取过 0.5mm 筛的风干斥水红土，按试验要求配置至少 3 种含水率的试样，参照《土工试验方法标准》GB/T 50123—2019 进行相应的斥水红土界限含水率试验，以获得斥水红土的液塑限与十八烷基伯胺含量的关系。与前述章节一样，斥水红土的十八烷基伯胺含量分别为 0.2%、0.4%、0.6%、0.8% 和 1%5 种配比。

3.1.3　击实试验

（1）所需材料：轻型击实仪、千斤顶推土器、台秤、电子天平、铝盘、喷雾器、烘箱、橡皮锤、刮刀、铝盒等。

（2）操作步骤

为探究不同十八烷基伯胺含量对斥水红土密实程度的影响，采用轻型击实仪，参照《土工试验方法标准》GB/T 50123—2019 开展斥水红土的击实试验，并记录含水率与密度关系进行计算，以获得斥水红土的最大干密度等与十八烷基伯胺含量的关系，具体操作见图 3.1-3。

<table>
</table>

(a) 碾碎过 5mm 筛　(b) 加水混合均匀　(c) 试样上机击实

(d) 刮平试样　(e) 取出试样　(f) 测定含水率

图 3.1-3　击实试验过程

3.2　斥水红土斥水度影响因素试验

斥水土壤形成因素复杂，不仅包括外界环境气候条件的影响，还包括土壤本身自身因素，如森林火灾、周围植被、气候水分、土颗粒矿物组成、土壤有机质含量等。杨昊天等、孙琪琪等、郭成久等针对腾格里沙漠、沂蒙山区、黄土高原各地势不同的斥水土壤展开了研究，获得了各地势土壤不同斥水特性，斥水性差异较大。由于土壤成分组成与所在环境气候不同，形成的斥水土壤斥水性强弱不一、稳定性不足，对斥水土壤的研究应用到工程上造成了困扰，因此斥水土壤在防渗等工程上具有潜在的应用价值。由此可以看出，目前国内外对斥水土壤的研究不仅在土壤斥水性的起因、不同地区土壤斥水特性、水热运移变化上，还包括了斥水土壤改良措施、斥水性土壤特点、斥水土壤粒径、斥水土壤对植被的影响、斥水土壤微观结构、反射高光谱等方面。然而在实际工程中，土壤常处于不同溶液浸泡、温度变化、水分变化等复杂环境下，这些对土壤斥水性都会有较大影响，因此开展上述研究对斥水土壤的理论完善及工程应用有重要意义。据此，本章在前述研究基础上，开展了不同温度和溶质浸泡等影响试验，探究斥水红土斥水度的变化规律及影响因素，为十八烷基伯胺斥水红土工程应用提供试验基础。

3.2.1　温度影响试验

采用十八烷基伯胺含量为 0.8% 和 1.0% 的斥水红土,分别置于 25℃、37℃、75℃和 105℃的温度环境下，在同一时间和空间开展斥水度的检测。检测方法为滴水穿透时间法，检测步骤和前述斥水度检测过程完全一致。需要说明的是，环境温度是指试样的温度，并不需要整个操作空间的温度达到此数值。

3.2.2　溶质影响试验

考虑到斥水剂含量会对结果造成一定影响，本章仅选取十八烷基伯胺含量为 1.0%的斥水红土作为研究对象。分别采用浓度 ≥98%的有机溶液（乙醇、甲苯、丙酮、戊二醛）、浓度 ≥98%的无机溶液（盐酸、氢氧化钠、氯化钠、碳酸钠）和生活常见溶液（洁厕剂、洗洁精、洗手液、洗衣液、沐浴露、洗发露、饱和肥皂水）作为溶质影响试验中的影响试剂，具体见表 3.2-1。试验开展时间在 2018 年 5 月，所选试验溶液均处于保质期内。试验每组溶液与十八烷基伯胺斥水红土均匀搅拌后，继续倒入溶液将斥水红土完全浸泡并密封保存。根据浸泡时间长短抽取试样烘干后再测定土壤斥水度，以获得斥水红土斥水度受不同溶质的影响程度。由于大部分生活洗涤用品含有多种表面活性化学物质，成分复杂，故此处仅考虑某一品牌生活洗涤用品对斥水红土斥水度的影响。

部分生活常见溶液　　　　　　　　　　　表 3.2-1

试验溶液	品牌	规格	生产日期	主要成分
洁厕剂	威猛先生	620g	2017 年 10 月	次氯酸钠、表面活性剂、增稠剂
洗洁精	立白	500g	2017 年 3 月	软化水、表面活性剂
洗手液	蓝月亮	500g	2017 年 4 月	十二烷基苯磺酸钠、表面活性剂
洗衣液	立白	1000g	2018 年 1 月	表面活性剂、抗沉积剂
沐浴露	力士	800g	2017 年 9 月	表面活性剂、泡沫稳定剂
洗发露	飘柔	400mL	2017 年 5 月	月桂醇聚醚硫酸酯钠
肥皂水	雕牌	250g	2017 年 6 月	硬脂酸钠

3.3　试验结果与分析

3.3.1　临界含水率试验

图 3.3-1 为十八烷基伯胺含量为 1%时，不同初始含水率的斥水红土斥水效果图；图 3.3-2 为不同初始含水率和十八烷基伯胺含量下斥水红土的滴水穿透时间变化规律。可以看出：（1）十八烷基伯胺含量为 0.2%。当初始含水率低于 13.2%时，其滴水穿透时间均小于 5s，斥水等级为无，不具有亲水性。当含水率从 13.15%上升至 15%时，其由斥水等级由无升至轻微，滴水穿透时间处于 5～60s。当含水率位于 15%～17.53%之间时，斥水等级为中等；含水率位于 17.53%～21.64%之间时，斥水等级为严重；含水率位于 21.64%～24.13%之间时，试样的滴水穿透时间均大于 3600s，斥水等级为极端，区间跨度为 2.49%；但是当含水率超过 24.13%时，其斥水等级由极端迅速降至无，斥水性消失。（2）十八烷基伯胺含量为 0.4%。可以看出，其变化趋势与十八烷基伯胺含量为 0.2%的相似。在初始含水率位于 0～9.89%之间时试样无斥水性，斥水等级为无；含水率位于 9.89%～15.12%之间时，斥水红土的斥水性有所体现，为轻微斥水等级；含水率位于 15.12%～17.85%之间时，斥水

等级为中等；含水率位于 17.85%～23.40% 之间时，斥水等级为严重；试样滴水穿透时间与初始含水率关系曲线变化规律与 0.2% 的相似，但 0.4% 的其变化幅度略大于 0.2% 的变化幅度。十八烷基伯胺含量为 0.4% 的试样，其在极度斥水等级区间的含水率范围为 20.40%～25.32%，跨度要大于 0.2% 的含水率范围，增大幅度为 1.97%。（3）十八烷基伯胺含量为 0.6%。当初始含水率位于 0～15% 之间时，滴水穿透时间呈线性增长，后放缓并趋于稳定。斥水等级由严重升至极度，斥水性能良好。当含水率超过 27% 时，斥水红土的斥水性急剧下降直至消失，最终斥水等级为无。总体上与 0.2% 和 0.4% 的试验结果规律相似。（4）十八烷基伯胺含量为 0.8%。随着试样初始含水率的增加，其斥水性变化不明显，斥水等级始终为极度，具有良好的斥水性。但含水率大于 28% 后，试样斥水性开始减弱，继续增大含水率可发现试样的滴水穿透时间急剧减小，试样饱和时斥水红土斥水性完全消失。（5）十八烷基伯胺含量为 1.0%。试样一开始就表现出极度斥水等级，滴水穿透时间大于 3600s，为极度斥水等级。随着试样初始含水率的增加，滴水穿透时间持续增大，斥水等级均为极度；当初始含水率超过 30.3% 时，继续增大试样的初始含水率，可发现试样的滴水穿透时间亦急剧减小，试样饱和时斥水红土斥水性完全消失。

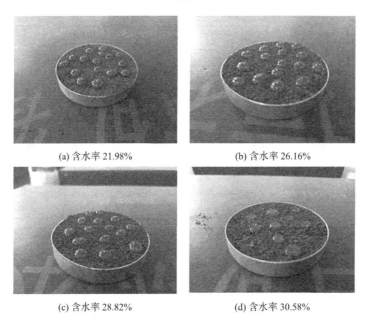

(a) 含水率 21.98%　　　　　　　　(b) 含水率 26.16%

(c) 含水率 28.82%　　　　　　　　(d) 含水率 30.58%

图 3.3-1　斥水红土滴水穿透时间法检测效果（十八烷基伯胺含量为 1%）

由图 3.3-2 可以看出，十八烷基伯胺含量为 0.2% 和 0.4% 的斥水红土，当含水率低于 12% 时，滴水穿透时间均小于 5s，表现出亲水性；含水率从 12% 增至 21% 时，其滴水穿透时间由 116s 和 151s 迅速增至 3611s 和 4012s，即斥水等级由无快速升至极端，增加速率基本一致；含水率在 21%～25% 之间的斥水红土滴水穿透时间均大于 3600s，斥水等级稳定在极端；含水率从 25% 增至 32%（饱和）时，其斥水等级均由极端迅速降至无，下降速率基本一致。十八烷基伯胺含量为 0.6%、0.8% 的斥水红土，天然风干状态下的滴水穿透时间为 731s 和 2584s，即表现出严重的斥水等级。随着含水率的增加，滴水穿透时间迅速增加，最大增至 9345s（23.1%）和 12364s（21.6%），斥水等级为极端；随后滴水穿透时间迅速降低，至饱和状态时斥水性完全消失。十八烷基伯胺含量为 1.0% 的斥水红土，天然风干状态下的滴水穿透时间为 4886s，已达到极端斥水等级。随着含水率的增加，滴水穿透时间亦迅速增加，最大值甚至超过 18000s（19.3%、20.0% 和 23.7%），斥水等级均为极端；当含水率增至 26.8% 时，滴水穿透时间迅速降至 9346s，随后快速降低，至饱和状态时斥水性完全消失。

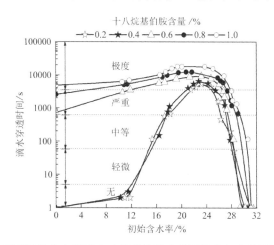

图 3.3-2　不同初始含水率和十八烷基伯胺含量下斥水红土的滴水穿透时间

本书将斥水红土滴水穿透时间出现骤升的拐点与达到极度斥水等级点的连接线中点称为"下限含水率"，将斥水红土滴水穿透时间出现骤降的拐点与无斥水性点的连接线中点称为"上限含水率"。为了进一步分析这一"坡峰"现象，将各试验组"坡峰"处的数值单独取出。"坡峰"为"下限含水率"与"上限含水率"中值点，进而分析斥水性骤变界限点。可以看出：（1）十八烷基伯胺含量为 0.2%。当试样初始含水率为 10.53%～13.12% 时，斥水红土斥水度开始趋于极度，取两点连接线的中点值"11.83%"，即为其"下限含水率"。当试样初始含水率为 23.08%～24.45% 时，斥水红土斥水性开始下降，两点连接线的中点值"23.77%"，即为其"上限含水率"。以此类推，分别求得其他十八烷基伯胺含量的斥水红土的"下限含水率"和"上限含水率"。（2）十八烷基伯胺含量为 0.4%。其"下限含水率"为 10.69%，"上限含水率"为 24.06%，其上下限含水率差值为十八烷基伯胺含量 0.2% 的试验结果的 1.12 倍。（3）十八烷基伯胺含量为 0.6%。其"下限含水率"为 4.42%，"上限含水率"为 27.63%，其上下限含水率差值为十八烷基伯胺含量 0.2% 的试验结果的 1.65 倍。（4）十八烷基伯胺含量为 0.8%。其"下限含水率"为 6.43%，"上限含水率"为 26.14%，其上下限含水率差值为十八烷基伯胺含量 0.2% 的试验结果的 1.94 倍。（5）十八烷基伯胺含量为 1.0%。其"下限含水率"为 3.56%，"上限含水率"为 28.32%，其上下限含水率差值为十八烷基伯胺含量 0.2% 的试验结果的 2.32 倍。

为了便于分析，本书将"下限含水率"与"上限含水率"统称为临界含水率，据此绘制了临界含水率与十八烷基伯胺含量关系，见图 3.3-3。可以看出，每个试验组的"下限含水率"与"上限含水率"区间范围能够较好地描绘十八烷基伯胺斥水红土初始含水率与十八烷基伯胺含量的变化关系。不同十八烷基伯胺含量的斥水红土，其斥水性均受初始含水率的影响，初始含水率过大或过小，均不利于斥水性的发挥。当十八烷基伯胺含量增大时，斥水红土的"下限含水率"向下移动，"上限含水率"向上移动，斥水性范围逐渐增大。当斥水红土的初始含水率与十八烷基伯胺含量的交点处于阴影区域时，表明此时的十八烷基伯胺斥水红土具有斥水性，越靠近阴影区域中心，斥水性越佳。此时对于工程应用来说，能够以最经济的十八烷基伯胺含量及最合适的初始含水率来配制斥水红土，既能满足十八烷基伯胺斥水红土的斥水度要求，又能最大程度地控制斥水剂的使用，可达到最佳斥水状态和最优工程性能。由于斥水红土初始含水率的增大，斥水红土颗粒表面被水分湿润程度不断增大逐渐改变斥水红土颗粒斥水状态。当斥水红土初始含水率较低时，减小了斥水红土固液之间表面张力的作用，固液之间表面张力是影响红土斥水性的关键因素，固液之间表面张力的降低会提高斥水红土的斥水性。斥水红土斥水性的提高能够更大程度阻碍水分的入渗，提高斥水红土抗渗时间。当斥水红土含水率较高时，孔隙内水分易形成渗流通道，此时即使土颗粒具有斥水性，宏观上斥水红土亦有良好透水性，即斥水红土不再具有斥水性。"下限含水率"与"上限含水率"的引用，能够为红土初始含水率的斥水性拉上一条"临界线"。本次试验结果表明，十八烷基伯胺含量为 0.8% 的试验组，能够以较小的含水率达到极度斥水状态，效果良好，可为后续工程应用提供参考。

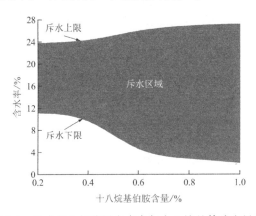

图 3.3-3　斥水红土的临界含水率与十八烷基伯胺含量关系

3.3.2　界限含水率试验

图 3.3-4 为斥水红土液限、塑限与十八烷基伯胺含量关系曲线。可以看出：（1）斥水红土的液限随着十八烷基伯胺含量的增大而有所减小，两者呈线性相关关系。当十八烷基伯胺含量为 0 时，其液限值为 65%，随着十八烷基伯胺含量增加，其液限分别下降到 63%（0.2%组）、61%（0.4%组）、60%（0.6%组）、58.9%（0.8%组）和 59.1%（1.0%组），斥水红土液限值总体下降了 6%。由于试验用土及斥水红土液限均大于 50%，参照土的工程分类标准判定，十八烷基伯胺斥水红土均属于高液限黏土。（2）斥水红土的液限随着十八烷基伯胺含量的增大而有所增大，两者亦呈线性相关关系。当十八烷基伯胺含量为 0 时，其塑限值为 28.8%，随着十八烷基伯胺含量增加，其塑限分别增大至 30%（0.2%组）、31%（0.4%组）、32.1%（0.6%组）、33.8%（0.8%组）和 34.3%（1.0%组），斥水红土液限总体增大了 5.5%。

土壤黏性和可塑性常用塑性指数来评价，塑性指数越低，可塑性越小。图 3.3-5 为斥水红土塑性指数与十八烷基伯胺含量关系曲线。可以看出，塑性指数随十八烷基伯胺含量的增大而减小。十八烷基伯胺含量由 0 增至 1.0% 时，塑性指数由 36.2 降至 24.8，降幅达 31.5%。这表明随着十八烷基伯胺含量的增加，斥水红土的可塑性降低。在改性过程中，十八烷基伯胺以附着在土壤颗粒表面为主，并未改变土壤颗粒本身性质和结构。土壤颗粒表面结合水膜的形态受土壤颗粒表面斥水剂影响，固液之间的表面张力减小，使得土壤的可塑性下降，水分不易入渗且土壤内部水分也不易蒸发，实现了保水富水的效果。这也使得斥水红土长时间的储水能力高于亲水红土。根据土壤在道路工程用土方面的使用基准可知，工程用土的塑性指数大于 26 以及液限超过 60%时，不可直接用于施工，需做特殊处理才可以使用。本章研究中，当十八烷基伯胺含量为 0.8%和 1.0%时，其液限低于 60%，塑性指数也低于 26，符合道路工程用土标准。这表明十八烷基伯胺作为斥水剂，既可有效提升土壤抗渗性能，又能降低土壤塑性指数，土壤工程性质得到明显改善，可作为相关工程应用的选择。

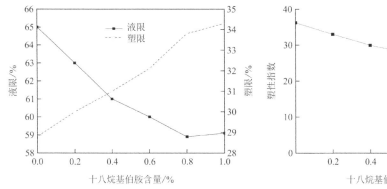

图 3.3-4　斥水红土液塑限与十八烷基伯胺 含量关系　　　　图 3.3-5　斥水红土塑性指数与十八烷基伯胺 含量关系

3.3.3　击实试验

图 3.3-6 为十八烷基伯胺含量与斥水红土最大干密度和最优含水率的关系曲线。可以看出：（1）十八烷基伯胺斥水红土的最大干密度随着十八烷基伯胺含量的增大而逐渐增大，但总体上增加幅度较小。亲水红土的最大干密度为 1.47g/cm³；随着十八烷基伯胺含量由 0.2%增至 1.0%，其最大干密度由 1.49g/cm³ 增大至 1.54g/cm³，极度斥水等级下斥水红土的最大干密度较亲水红土时的要大 0.056 倍。（2）十八烷基伯胺斥水红土的最优含水率随着十八烷基伯胺含量的增大也逐渐增大。亲水红土的最优含水率为 31.0%。当十八烷基伯胺含量由 0.2%增至 1.0%时，其最优含水率由 31.2%增大至 33.5%，极度斥水等级下斥水红土的最优含水率较亲水红土时的要大 0.07 倍。这表明十八烷基伯胺改性红土的最大干密度和最优含水率受十八烷基伯胺含量影响微弱，基本上认为不受影响，符合工程用土标准。

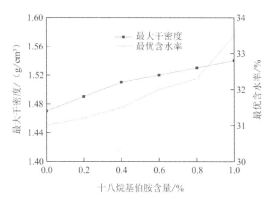

图 3.3-6　斥水红土击实试验结果

3.3.4 温度影响试验

图 3.3-7 为不同温度下，十八烷基伯胺含量为 1.0%的斥水红土斥水度的测定结果。可以看出，十八烷基伯胺斥水红土的斥水度受温度影响较大。随着温度的升高，斥水红土斥水度显著提升。温度为 25℃和 37℃时，斥水红土斥水度随时间推移逐渐增大，随后趋于稳定。温度为 75℃时，斥水红土斥水度迅速增至极度并能长期保持稳定。十八烷基伯胺熔点不高于 75℃。当十八烷基伯胺未熔化时，其以固体形式存在于土壤颗粒表面，土壤颗粒斥水化面积较小，斥水性不明显；当十八烷基伯胺熔化后，液态十八胺更易于附着土壤颗粒表面，接触更为紧密，斥水性明显增强。由于温度为 105℃时十八烷基伯胺熔化过快，改性土壤效果不明显，试验数据离散性大，故本书认为该温度下十八烷基伯胺斥水红土已丧失斥水效果，未给出相关数据。可以看出，在温度 75℃时来制备十八烷基伯胺斥水红土，其斥水效果最佳，能够使斥水红土迅速达到斥水要求且保持稳定，是制备斥水红土时的最优温度。

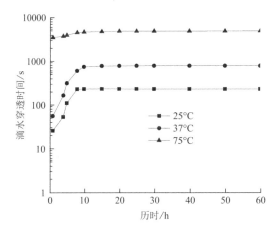

图 3.3-7 不同温度条件下试样滴水穿透时间与历时关系

3.3.5 溶质影响试验

图 3.3-8 为十八烷基伯胺含量为 1.0%的斥水红土在不同溶质浸泡下的滴水穿透时间变化规律。根据溶质作用斥水红土的滴水穿透时间及斥水等级的变化情况，此处将不同溶质对斥水度的影响程度划分为四个等级：极度影响（作用时间小于 3d，斥水等级降为无斥水）、严重影响（作用时间 3～10d，斥水等级降为无斥水）、轻微影响（作用时间超过 10d，斥水等级下降不超过 1 级）和无影响（作用时间大于 10d，斥水等级无变化）。可以看出：（1）浓度为 98%浓盐酸为极度影响溶质，能够迅速改变斥水红土斥水性，斥水等级骤降至无；生活中大部分溶液（洁厕剂、洗洁精、洗手液、洗衣液、沐浴露、洗发露）的主要成分为各类表面活性剂，对斥水红土斥水度亦具有较大影响，通过浸泡 3d 后可使斥水红土丧失斥水性，在影响速率和效果上表现为极度影响溶质。（2）饱和肥皂水的效果比沐浴露等溶液的影响要弱，对斥水红土斥水度的影响大幅度降低。在饱和肥皂水浸泡下 3d 内，斥水红土的斥水等级下降 1 级，由极度降至严重。当饱和肥皂水浸泡超过 3d 后，其斥水等级迅速下降，浸泡时间超过 10d 后表现为无斥水。（3）有机溶液与无机溶液试验溶液组中，大部分

对斥水红土的斥水度都有一定影响，总体上影响不大。如甲苯、丙酮、戊二醛、氢氧化钠、氯化钠、碳酸钠等高浓度溶液仅产生微弱影响，属于轻微影响溶质。（4）试验溶液中的乙醇不影响斥水红土斥水度。总体上看，强腐蚀性和强去污性溶液会对斥水红土斥水度造成严重影响；弱腐蚀性和弱去污性溶液会逐渐降低斥水红土斥水度，最终斥水等级可降至无；其他溶液对斥水红土斥水度的影响较小，土壤仍能保持较好斥水性。需要说明的是，本章的斥水红土是采用十八烷基伯胺作为斥水剂完成的，不同溶质对土壤斥水度的影响主要是该溶质与十八烷基伯胺产生了化学反应。至于其他斥水土壤的斥水度影响因素和效果如何，有待重新开展试验研究和讨论。

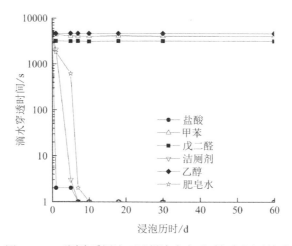

图 3.3-8　不同溶质浸泡下试样滴水穿透时间与历时关系

3.4　本章小结

（1）十八烷基伯胺改性制得的斥水红土，其初始含水率是影响斥水度的关键因素。随着初始含水率的增大，斥水红土斥水度呈现出先增大后减小的趋势，当土壤含水率接近饱和时，斥水度完全消失。本书提出临界含水率的概念，包括"下限含水率"与"上限含水率"，用以具体表征斥水红土斥水性的范围。当斥水红土的初始含水率与十八烷基伯胺含量的交点处于阴影区域时，表明此时的十八烷基伯胺斥水红土具有斥水性，越靠近阴影区域中心，斥水性越佳，此时斥水红土的斥水性最稳定。

（2）十八烷基伯胺可在一定程度上改变红土基本物理性质。当十八烷基伯胺含量增大时，斥水红土斥水性增大，液限降低，塑限增大，塑性指数减小。斥水红土的最大干密度和最优含水率随着十八烷基伯胺含量的增加均有所增大，但总体上增幅不明显，基本上认为不受影响，符合工程用土标准。

（3）温度对斥水红土斥水性亦有较大影响。随着温度的升高，土壤斥水度明显增大。在温度为 75℃时制备十八烷基伯胺斥水红土，其斥水效果最佳，能够使斥水红土迅速达到斥水要求且保持稳定，是制备斥水红土时的最优温度。

（4）强腐蚀性和强去污性溶液会对斥水红土斥水度造成严重影响；弱腐蚀性和弱去污性溶液会逐渐降低斥水红土斥水度，最终斥水性消失；其他溶液对斥水红土斥水度的影响较小，土壤仍能保持较好斥水性。需要说明的是，本章的斥水红土是采用十八烷基伯胺作为斥水剂完成的，不同溶质对土壤斥水度的影响主要是该溶质与十八烷基伯胺产生了化学反应。至于其他斥水土壤的斥水度影响因素和效果如何，有待重新开展试验研究和讨论。

参考文献

[1] Jaramillo D F, Dekker L W, Ritsema C J, et al. Occurrence of soil water repellency in arid and humid climates [J]. Journal of Hydrology, 2000, 231(231-232): 105-111.

[2] Doerr S H, Thomas A D. The role of soil moisture in controlling water repellency: new evidence from forest soils in Portugal [J]. Journal of Hydrology, 2000, 23(231-232): 134-147.

[3] Kostka S J. Amelioration of water repellency in highly managed soils and the enhancement of turfgrass performance through the systematic application of surfactants [J]. Journal of Hydrology, 2000, 231(231-232): 359-368.

[4] 杨昊天, 刘立超, 高艳红, 等. 腾格里沙漠沙丘固定后土壤的斥水性特征研究[J]. 中国沙漠, 2012, 32(3): 674-682.

[5] 孙棋棋, 刘前进, 于兴修, 等. 沂蒙山区桃园和玉米地棕壤斥水性空间分布及影响因素[J]. 陕西师范大学学报(自然科学版), 2013, 41(6): 80-87.

[6] 郭成久, 陈乐, 肖波, 等. 黄土高原苔藓结皮斥水性及其对火烧时间的响应[J]. 沈阳农业大学学报, 2016, 47(2): 212-217.

[7] 杨邦杰. 土壤斥水性引起的土地退化、调查方法与改良措施研究[J]. 环境科学, 1994(4): 88-90.

[8] 陈俊英, 刘畅, 张林, 等. 斥水程度对脱水土壤水分特征曲线的影响[J]. 农业工程学报, 2017, 33(21): 188-193.

[9] 商艳玲. 再生水灌溉对土壤水盐运移及斥水性的影响[D]. 咸阳: 西北农林科技大学, 2013.

[10] Debano L F. Water repellency in soils: A historical overview[J]. Journal of Hydrology, 2000, 231/232: 4-32.

[11] 杨松, 龚爱民, 吴珺华, 等. 接触角对非饱和土中基质吸力的影响[J]. 岩土力学, 2015, 36(3): 674-678.

[12] 吴珺华, 林辉, 周晓宇, 等. 斥水剂作用下非饱和土壤抗剪强度测定及其变化规律[J]. 农业工程学报, 2019, 35(6): 123-129.

[13] Lehresch G A, Sojka R E, Koehn A C. Surfactant effects on soil aggregate tensile strength [J]. Geoderma, 2012, 189-190: 199-206.

[14] Roper M M. The isolation and characterisation of bacteria with the potential to degrade waxes that cause water repellency in sandy soils[J]. Australian Journal of soil research, 2004, 42(4): 427-434.

[15] 杨松, 吴珺华, 董红艳, 等. 砂土和黏土的颗粒差异对土壤斥水性的影响[J]. 土壤学报, 2016, 53(2): 421-426.

[16] Franco C M M, Tate M E, Oades J M. Studies on non-wetting sands: I. The role of intrinsic particulate organic matter in the development of water repellency in non-wetting sands[J]. Australian Journal of Soil Research, 1995, 33(2): 253-263.

[17] Watson C L, Letey J. Indices for characterizing soil water repellency based upon contact angle-surface tension relationships [J]. Soil Science Society of America, 1970, 34(6): 841-844.

[18] 王亦尘, 李毅, 肖珍珍. 玛纳斯河流域土壤斥水性及其影响因素[J]. 应用生态学报, 2016, 27(12): 3769-3776.

第4章

斥水土壤渗流特性试验研究

前面章节开展了斥水土壤的制备，研究了不同条件下斥水土壤斥水度的变化规律及影响程度，分析了斥水土壤的基本物理性质及影响因素。在实际工程中，斥水土壤应用的核心目的在于发挥其斥水性能，为工程防渗提供更加合理的技术措施。因此开展斥水土壤渗流特性试验研究是十分必要的，也是斥水土壤研究的主要内容之一。

渗透性是土壤的主要工程性质之一，可用渗透系数来表示。渗透系数又称为水力传导度、导水率，不同学科叫法不同，但其物理意义基本一致，表示单位水势梯度下土壤水的通量。作为反映土壤渗透性能的重要参数之一，渗透系数被广泛应用于各个工程领域。水在土壤中流过时，与土壤颗粒间的摩擦阻力会改变水流传导速率，渗透系数则是综合反映水在土壤孔隙内部流动时所遇到阻碍作用的基本参数。渗透系数不仅取决于孔隙介质的基质特性，同时也与流体的密度和黏度有关。在以土壤内部水为对象的研究中，通常不考虑温度对水物理性质的影响，其密度和黏度在常温下保持不变，不影响土壤的渗透性能，只与土壤介质和孔隙分布有关。根据土壤孔隙水分充填程度的不同，工程中将土壤分为完全饱和和部分饱和两部分，相应的渗透系数分别为饱和渗透系数与非饱和渗透系数。饱和渗透系数与土壤含水率没有直接关系，仅与土壤颗粒组成、孔隙分布等有关，通常是一个常量；非饱和渗透系数还与土壤的饱和度或基质势有关，是一个与饱和度或基质势有关的变量。确定渗透系数的方法大致分为室内测定法、野外测定法和公式反演法。目前渗透系数的测定主要还是针对饱和状态时的土壤，对于非饱和土壤的渗透系数，由于测试条件复杂，精度要求高，影响因素多且会随着饱和度的变化而改变，获取难度大。由于斥水土壤具有斥水性，导致土壤本身无法达到饱和状态。一旦达到了饱和状态，斥水土壤的斥水性就会消失，此时斥水土壤无法达到提升抗渗性能的目的。理论上看，采用饱和渗透系数来直接描述斥水土壤的渗透性能是不合适的。

对土壤渗透性的研究过程中发现，斥水土壤与传统亲水土壤产生渗流的过程是不完全一样的。亲水土壤的渗流几乎不需要任何水头压力，靠土壤自身的亲水性渗流就会发生，也就是通俗讲的"吸水"。斥水土壤的渗流并不是有水头存在就会发生，而是要使作用在土壤上的水头达到一定值时，方可出现渗流现象。一旦渗流发生后，整个渗流过程与亲水土壤又基本一致了，相当于斥水土壤斥水性消失了。总体上看，斥水土壤产生稳定渗流后，其渗流满足层流条件，仍可用达西定律来描述其渗透性能，只是此时的过水断面并不是所有的孔隙通道，而是某一小部分通道，这部分通道对水压力的抵抗较为薄弱，容易优先产生渗透，即所谓的优先流。为了描述方便和便于理解，本章仍采用渗透系数来描述斥水土壤的渗透性能，只是其与土壤性质、结构及斥水度等密切相关，是一个在非饱和状态下斥水土壤发生部分稳定渗透时的渗透性参数。

综上所述，本章首先介绍了渗透系数测定的一般方法，然后开展了斥水砂土和斥水红土的渗透性能测定试验，获得了影响斥水土壤渗透性能的主要参数及其变化规律。研究成果可为斥水土壤的工程应用提供参考。

4.1 土的渗流特性

4.1.1 层流与紊流

水力学把水流运动状态分为层流和紊流两种。流体在管内缓慢流动时，流体质点作有条不紊及平行和线状运动，彼此不相掺混的状态叫做层流；当流体流动时各质点间的惯性力占主要地位，流体质点的运动轨迹极不规则，其流速大小和流动方向随时间而变化，彼此互相掺混，此时的状态叫做紊流。层流和紊流的判别可用雷诺系数来表示，见式(4.1-1)。

$$Re = \rho v d / \mu \tag{4.1-1}$$

式中：Re——雷诺系数；

v——流体流速（cm/s）；

ρ——流体密度（g/cm^3）；

μ——黏滞系数（cm^2/s）；

d——特征长度（cm）。

例如流体流过圆形管道，则 d 为管道的当量直径。利用雷诺系数可区分流体的流动是层流或湍流，也可用来确定物体在流体中流动所受到的阻力。一般认为，当 Re 小于 2000 时，属于层流状态；在 2000～4000 范围内时，属于过渡状态；当大于 4000 时，属于紊流状态。对于土壤而言，研究表明在绝大多数情况下，水在土壤孔隙中的流速缓慢，属于层流状态，已为相关学科领域公认的基本假定。

4.1.2 达西定律

水在土壤孔隙中流动时，由于渗透阻力的作用，沿途将伴随着能量的损失。为了揭示水在土体中的渗透规律，法国著名学者达西利用如图 4.1-1 所示的试验装置，对均质砂土的渗透性开展了大量试验研究，总结得出了渗透能量损失与渗流速率之间的相互关系，即渗流速率 v 与水力梯度 i 呈正比，见式(4.1-2)和式(4.1-3)。

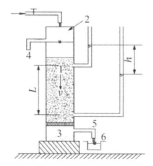

1—渗透路径方向；2—直立圆筒；3—滤板；4—溢水管；5—渗水管；6—量杯

图 4.1-1 渗透试验装置示意图

$$v = ki \tag{4.1-2}$$

$$q = kiA \tag{4.1-3}$$

式中：v——渗流速率（cm/s）；

i——水力梯度，$i = h/L$，其中h为作用在试样渗透路径方向上的水头差（cm），L为试样渗透路径长度（cm）；

q——单位时间透过试样过水断面的渗透量（cm³/s）；

A——垂直于渗流方向的试样过水断面面积（cm²）；

k——与土体性质有关的常数，称为土的渗透系数（cm/s）。

式(4.1-2)和式(4.1-3)即为著名的达西定律，它是水在土中渗透的基本规律，反映了土体的渗透性。当$i = 1$时，$v = k$，表明渗透系数的数值是水力梯度等于1时的渗流速率，能够作为反映土壤渗透性强弱的指标，其单位与渗流速率单位相同。

达西定律是在层流假定条件下获得的，认为水在土体中的渗流速率v与水力梯度i呈正比，但它并不是对任何土体都适用。大量试验结果表明，在渗透性较大的粗粒土中（如砾、卵、块石等），随着渗流速率的增大，水在土体孔隙中的流动状态逐渐接近紊流，此时达西定律不再适用。如图4.1-2所示，当渗流速率超过临界速率v_0时（$v_0 = 0.3 \sim 0.5$cm/s），渗流速率v与水力梯度i的关系即表现为非线性特征，渗流已非层流而呈紊流状态，此时达西定律不再适用。

此外，现有研究表明，对于砂土及密实度较低的黏性土，孔隙中的水主要为自由水，其渗流特征符合达西定律，如图4.1-3中通过原点的直线1所示。对于饱和密实黏土，由于其内部孔隙几乎充满了结合水，因此其渗流规律与达西定律不完全相符，如图4.1-3中曲线2所示。当水力梯度较小时，渗流速率与水力梯度呈非线性关系，甚至不产生渗流；当水力梯度增大至某一值时，外界水压力克服了结合水的阻力后，水才开始渗流。常把饱和密实黏土的渗流特性简化为图4.1-3中曲线2中虚直线的线性关系，即$v = k(i - i_b)$，i_b称为黏土的起始水力梯度。可以这样理解，当作用在土壤上的水力梯度小于i_b时，土壤内部不产生渗流；当水力梯度大于i_b时，土壤内部才产生渗流。整个渗流过程仍可用达西定律来描述。不同密实程度的饱和黏土，其起始水力梯度的数值不尽相同。

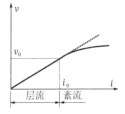 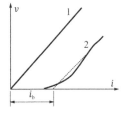

图 4.1-2　粗粒土的渗流速率　图 4.1-3　细粒土的渗流速率
　　　　　与水力梯度关系　　　　　　　与水力梯度关系

应当指出，由于水在土中的渗透不是通过土的整个截面，而仅是通过该截面内土粒间的孔隙，因而要直接测定实际的平均速率是困难的。目前，常用的渗流速率是指整个土体断面上的平均流速，而不是通过孔隙的实际流速，水在孔隙中的实际速率要比用式(4.1-2)计算的渗透速率大。在工程设计中，除特别指出外，在渗流计算中一般采用平均渗流速度v。

4.1.3　土壤渗透性测定方法

渗透试验是利用一些试验设备测定土壤渗透系数的常用方法，根据试验场地和条件可分为室内试验和现场试验两大类。在实验室中测定渗透系数的仪器种类和试验方法很多，根据试验原理大体上可分为"常水头法"和"变水头法"两类。现场测定法主要有实测流速法（色素法、电解质法、食盐法等）、注水法、抽水法（降低水位法：平衡法、不平衡法）、水位恢复法、试坑试验法、单环试验法、双环试验法等。由于室内试验测定渗透系数所需的原状土，在取样、运输、制样等过程中不可避免地产生扰动，或者只能重塑土样制备使用，且制样后土体尺寸偏小，因此制成的土样不能很好地反映原状土的特性。尤其是当现场岩土体存在物质组成复杂、各向异性较明显、无法有效取样等情况时，现场原位试验具备保持原状土特性方面无可比拟的优点，因此所得到的试验结果更能反映岩土体的现场渗透特性。下面简要介绍目前常用的土壤渗透性测定设备与方法。

4.1.3.1　常水头渗透仪

常水头渗透仪主要由金属封底圆筒、金属孔板、滤网、测压管和内径为 10cm、高 40cm 的供水瓶等组成（图 4.1-4）。若要测试超过尺寸的试样时，需更换圆筒以保证其内径大于试样最大粒径的 10 倍。常水头试验装置用来测定渗透性较大的无黏性土的渗透系数。在整个试验过程中作用在试样上的水头差也为常数。具体试验过程可参照现行《土工试验方法标准》GB/T 50123 来执行。

图 4.1-4　常水头渗透仪

4.1.3.2　变水头渗透仪

TST-55 变水头渗透仪（图 4.1-5）是用来测定渗透性较小的黏性土的常用设备，整个试验过程中，作用在试样上水头逐渐减小，利用达西定律来测定试样的渗透系数。整个设备主要由上盖、底座、套座、环刀、透水石和螺杆等组成。具体试验过程亦可参照现行《土工试验方法标准》GB/T 50123 来执行。

图 4.1-5　变水头渗透仪（TST-55 型）

4.1.3.3　全自动三轴渗透仪

全自动三轴渗透仪是目前较为先进的室内土工渗透仪，主要用于在实验室对土壤的渗透特性等进行精确自动测试，此外还可以完成反压饱和、等压固结、偏压固结、标准三轴剪切试验等。由于采用给定水头进行渗透，故可适用于膨润土等低渗透性散体材料的测试。

图 4.1-6 为立方通达生产的 LFTD1812 型全自动三轴渗透仪。该系统竖向加载系统采用多功能荷载架，加载量程可自由选择，支持手动及电脑端的全自动操作。围压及反压控制采用高级全自动压力/体积控制器，量程可自由选择。压力室有多种规格可选，能适应多种不同尺寸试样的渗透性测定。

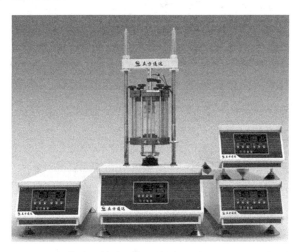

图 4.1-6　全自动三轴渗透仪（立方通达，LFTD1812 型）

4.1.3.4　一维土柱垂直入渗仪

一维土柱垂直入渗仪是测定土体垂直渗透性的常用装置。图 4.1-7 为后勤工程学院研制的一维土柱垂直入渗仪。垂直土柱的制作采用外径 120mm、内径 100mm、管长 1000mm 的亚克力玻璃管。在试验前将亚克力玻璃管按每隔 50mm 进行划分，每层土体根据设计干密度进行称量和击实。考虑到土柱有初始含水率，击实过程中可能会出现积水，故制备好后土柱的高度不宜超过 900mm；土柱制作完毕后在亚克力玻璃管外标注刻度，用于读取浸润峰和入渗深度。采用 DT80 通用型智能数据采集仪采集不同深度处土体含水率，含水率数据采用 MP406 型土壤水分传感器进行采集。该数据采集仪具有远程监测，结构坚固、合理，质量稳定、可靠，精度高，可实现报警等特点，被广泛应用于环境保护及监测、自然灾害的监测、教学及科研等领域。

入渗率是单位时间内通过地表单位面积入渗到土样中的水量。设任一时刻 t 的入渗率为 $i(t)$，其值和此时土柱顶面的土样水分运动通量 $q(\theta,t)$ 相等，即：

$$i(t) = q(\theta,t) = [-D(\theta)\partial\theta/\partial z + k(\theta)]|_{z=0} \tag{4.1-4}$$

式中：θ——土样体积含水率；

z——观测位置至积水面的距离；

$D(\theta)$——土样的水分扩散率；

$k(\theta)$——土样的渗透系数。

试样初始状态是完全干燥的，整个入渗过程是土样逐渐吸水至饱和状态。当入渗时间足够长时，有 $\partial\theta/\partial z \to 0$。此时，入渗率趋于稳定。由于整个土柱高度较低，可认为此时整个土柱全部达到饱和。因此，入渗率在数值上等于土样的饱和渗透系数。

(a) 土柱入渗仪　　(b) MP406 型土壤水分传感器　　(c) DT80 通用型智能数据采集仪

图 4.1-7　一维土柱垂直入渗系统（覃小华，2017）

4.1.3.5　柔性壁渗透仪

图 4.1-8 为欧美大地生产的 HM-350M 型柔性壁渗透仪。主要包括以下两个模块：标准三轴渗透压力室，可以容纳最大 101mm 直径的试样，配备了 39.1mm、61.8mm 和 101mm 直径 3 种规格的三轴渗透底座和顶帽；数字式压力/体积控制器，总共三个，一个用于施加三轴围压，另外两个分别用于控制渗透上水头和下水头，并可自动计算试样的渗透系数。

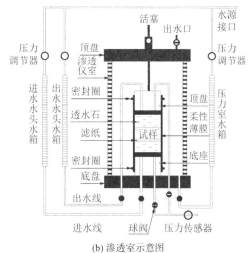

(a) 系统全样　　　　　　　　　　　(b) 渗透室示意图

图 4.1-8　柔性壁渗透仪（欧美大地，HM-350M 型）

4.1.3.6　室外注水试验法

室外注水试验是指向钻孔或试坑内注水，通过定时量测注水量、历时、水位等相关参数，测定目的岩土层渗透系数的渗透试验。注水试验主要适用于松散地层，特别是在地下水水位埋藏较深和干燥的土层中。目前常用的方法包括试坑法、单环法和双环法。

试坑法：在表层干土中开挖一定深度（30～50cm）的方形或圆形试坑，坑底要高出潜水位至少 3m，坑底面积为 A。成坑后，坑底铺约 3cm 厚的反滤粗砂。向试坑内注水，使试坑中的水位始终高出坑底约 10cm。为了便于观测坑内水位，在坑壁要设置一个刻度标尺。通过量测单位时间内坑底入渗的水量 Q，即可求出平均渗透速率 $\upsilon = Q/A$。由于坑内水位并不大（不超过 10cm），可认为坑底土层的水头梯度等于 1，因而求出渗透系数 $k \approx \upsilon$。

单环法：先开挖一定深度的试坑，底部嵌入一个高 20cm、直径 36cm 的铁环，铁环底面积为 A。铁环压入坑底部约 10cm，铁环壁与土层要紧密接触，环内铺约 3cm 厚的反滤粗砂。试验开始时，用马利奥特瓶控制环内水柱高度在 10cm。试验一直进行到单位时间内的渗入水量 Q 恒定不变为止。此时环内土层的渗透速率 $\upsilon = Q/A$，此数值即等于坑内土层渗透系数。该法适用于毛细作用不大的砂土层。

双环法：先开挖一定深度的试坑，底部嵌入两个铁环，形成同心环，外环直径可取 0.5m，内环直径可取 0.25m（图 4.1-9）。试验时向两个铁环内注水，用马利奥特瓶控制外环和内环的水位都保持在同一高度上。根据内外环水位变化情况，按单环法计算渗透系数的过程来确定岩土体的渗透系数。由于内环中的水只发生垂直方向的渗入，排除了侧向渗流带来的误差，因此双环法比试坑法和单环法的精确度要

图 4.1-9　双环注水仪　高。该法适用范围更广，除了松散岩土层外，干燥黏性土同样适用。

4.1.3.7　抽水/压水试验法

抽水试验的目的是为查明建筑场地地层的渗透性和富水性，测定有关水文地质参数，为工程设计提供相应的水文地质资料。该方法用单孔（或有一个观测孔）的稳定流开展抽水试验，也常在探井、钻孔或民用井中用水桶等进行简易抽水试验。根据试验目的来确定抽水孔深度，并考虑完整井与非完整井两种情况（图 4.1-10）。抽水孔孔径宜大于 $0.01M$（M 为含水层厚度）。为获得较为准确、合理的渗透系数，通常以小流量、小降深的抽水试验为宜。

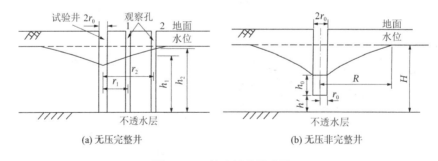

(a) 无压完整井　　　　　　　　　　(b) 无压非完整井

图 4.1-10　抽水试验示意图

压水试验的目的是探查天然岩土层的裂隙性和渗透性，获得单位吸水量等参数，为有关工程设计提供基础资料。按压力点的数量分为一点压水、三点压水和多点压水试验。按试验压力分为低压和高压压水试验。按加压的动力源分为水柱压水、自流式压水和机械法压水三种试验（图 4.1-11）。

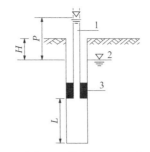

1—水柱；　2—静水压；　3—栓塞；
P—压力；　H—地下水埋深；　L—试验段长

图 4.1-11　压水试验示意图

抽水试验和压水试验的工程应用十分普遍，相关具体操作和渗透系数的计算方法可参照《工程地质手册》等资料。

4.2　斥水红土渗透试验

目前斥水土壤的入渗研究主要集中在土壤斥水性对水流运移规律的影响方面，研究方法以室内土柱试验和现场入渗试验为主，未能考虑高水头和围压下斥水土壤的渗流特性。基于第2章斥水土壤物理性质研究基础上，继续以红土为研究对象，将十八烷基伯胺作为斥水剂，配置了不同十八烷基伯胺含量和初始含水率的改性红土。采用滴水穿透时间法测定了改性红土的斥水等级。采用全自动三轴渗透仪，开展了斥水红土在不同条件下的恒压渗透试验，分析了不同斥水等级的斥水红土渗透性变化规律，获得了改性红土的稳定入渗率、起渗压力等水力参数的变化规律。

4.2.1　试验准备与方案

（1）试验材料与设备

采用南京土壤仪器厂生产的全自动三轴渗透仪，以开展不同斥水等级的斥水红土渗透试验（图4.2-1）。该系统可自动控制进出试样水量，并可实时监测进出试样的水流量，最大渗流量为480mL，精度为0.01mL。为获得不同斥水程度试样的渗透性能，分别制备了6组三轴试样，其十八烷基伯胺含量分别为0、0.2%、0.4%、0.6%、0.8%和1.0%。试样为圆柱样（$\phi 3.91cm \times H8cm$），初始干密度为1.35g/cm³，初始含水率为3.2%±0.2%。试验前先将进水管和出水管中气体完全排出。试验时水通过进液装置从试样底部进入，流经试样后从顶部排出，进水流量和出水流量由流量传感器自动采集。每次渗透试验完成后，需将去离子水补回至储液容器内。有2点需要说明：①试样斥水度的增大会导致试样抗渗能力增强，其内部被水穿透的实际过水面积越小，导致单位时间内通过试样的水流量越小，故其入渗速率逐渐减小；②有压渗流试验中，试样初始为非饱和状态。水头差越大，试样饱和度越高，但均无法使试样达到完全饱和状态，因此其入渗速率与水头差有关，而且未掺十八烷基伯胺的试样入渗率在不同水头差下也存在差异。可以看出，试样的稳定入渗速率受斥水度和水头差的共同影响，数值上均要小于理论上的饱和导水率。由于本书重点分析十八烷基伯胺含量对改性壤土入渗速率的影响，且稳定入渗时满足层流条件，故本书采用达西定律来计算稳定入渗速率，其中过水断面面积取试样横截面积S（即为常数），以探究入渗速率与十八烷基伯胺含量的关系。

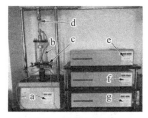

a—试验机；b—压力室；c—升降台；d—测力传感器；e—围压与孔压控制系统；
f—施加于试样顶部的反压与体变控制系统；g—施加于试样底部的反压与体变控制系统

图 4.2-1　全自动三轴渗透仪

（2）试验方案

每组 3 个试样，进水压值分别为 20kPa、40kPa 和 60kPa，3 种出水压设置为 0kPa，用以开展渗透水头差分别为 20kPa、40kPa 和 60kPa 的渗透试验（图 4.2-2）。为保证试样与橡胶膜贴合紧密，试验围压恒定为 100kPa。

图 4.2-2　三轴渗透试样（数字为十八烷基伯胺所占质量比例）

4.2.2　试验结果与分析

4.2.2.1　试样斥水等级测定

采用滴水穿透时间法测定三轴试样的入渗时间和相应的斥水等级，具体见表 4.2-1。可以看出，与制样之前的斥水红土斥水程度相比，当十八烷基伯胺含量小于 0.4%时，通过重塑后的三轴斥水试样未受影响，仍表现出亲水性。当十八烷基伯胺含量大于 0.6%时，对重塑后的三轴试样斥水性影响不大，仅为轻微减小。由于十八烷基伯胺改性土壤为表面改性，内部结构不受影响，当十八烷基伯胺含量低于 0.4%时，斥水化影响范围有限，通过制样时锤击等因素造成斥水化表面受到破坏，从而导致斥水性下降。当十八烷基伯胺含量大于 0.6%时，红土的斥水性能够得到更有效的保证，从而导致改性红土的斥水性丧失不明显。

三轴试样斥水等级测定结果　　　　　　　　　　　　　　表 4.2-1

试样编号	抗渗时间/s	检测结果
QS1（0.0）	0	无
CS1（0.2%）	2	无
CS2（0.4%）	8	轻微
CS3（0.6%）	2583	严重

试样编号	抗渗时间/s	检测结果
CS4（0.8%）	3075	严重
CS5（1.0%）	4874	极度

图 4.2-3 为三轴渗透试验完成后不同十八烷基伯胺含量的试样内部形态，该批试样为 60kPa 围压条件下经历了 8h 的稳定渗透。可以看出，试样斥水性越低，其被水分穿透效果越明显，水分浸湿区域也越大，稳定渗透后的试样内部水分含量明显增加。而十八烷基伯胺含量为 1.0% 的斥水试样，试样内部依旧表现为干燥状态，水流大部分从试样与橡胶膜的接触面通过。这也表明斥水程度越大的试样，阻碍水流通过的能力也越大，抗渗性能越好。

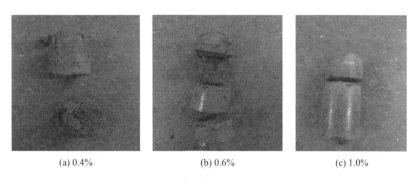

(a) 0.4%　　　　　　　(b) 0.6%　　　　　　　(c) 1.0%

图 4.2-3　三轴渗透试样内部形态

4.2.2.2　试样斥水等级对渗流的影响

三轴渗透试验结果包括入渗与出渗两个阶段的数据。从入渗方面来看，不同水头作用下试样的入渗曲线均表现出典型的双线性，定义为初始入渗阶段和稳定入渗阶段，两线性段交点横坐标定义为突变历时。据此可获得初始入渗速率和稳定入渗速率。图 4.2-4 为不同改性壤土的渗流流量与时间关系曲线，包括入渗流量（通过水压穿透试样，试样从非饱和至饱和破坏阶段总入渗水体积）与出渗流量（水穿过试样总出渗水体积）。除了极度斥水试样外，其余试样的入渗曲线均呈现典型的双线性阶段：初始入渗阶段和稳定入渗阶段，两直线交点时间为突变所需历时。相应的初始入渗速率和稳定入渗速率见表 4.2-2。结果表明，斥水等级相同时，初始入渗速率随水头差的增加而增大；不同水头差对初始入渗速率影响不明显，如十八烷基伯胺含量为 0.6% 时，20kPa、40kPa 和 60kPa 水头差初始入渗速率分别为 0.210cm/s、0.208cm/s 和 0.238cm/s，初始入渗速率相差不大。入渗持续一段时间后，入渗速率突然降低，对应十八烷基伯胺含量为 0.6% 的初始入渗速率分别降至 0.005cm/s、0.004cm/s 和 0.007cm/s，进入稳定入渗阶段。相同斥水等级下的稳定入渗速率皆随着水头差的增大而增大，随着壤土从无斥水等级到极度斥水等级，其稳定入渗速率呈下降趋势，表明斥水性越强的壤土阻渗效果越明显，水越难以入渗壤土。水头差越大，突变所需历时越长，如十八烷基伯胺含量为 0.6% 的水头差历时分别为 10.3min、13.8min 和 16.3min，相应的入渗量也随着水头差的增大而增大。具体体现在：（1）当土壤为无斥水等级时，水头差为 20kPa、40kPa 和 60kPa 分别对应的初始入渗率 0.194cm/s、0.215cm/s 和 0.218cm/s，入渗速率有所增大。当土壤十八烷基伯胺含量为 1.0% 时，水头差为 20kPa、40kPa 和 60kPa

分别对应的初始入渗率为 0.189cm/s、0.212cm/s 和 0.190cm/s，与无斥水的试样相比分别降低了 2.58%，1.45% 和 1.28%。当十八烷基伯胺含量增加时，试样的初始入渗速率有所下降，且随着水头差的增大，亲水土壤与斥水土壤初始入渗速率的变化幅度减小。（2）稳定入渗速率为水流稳定穿透试样时的速率。当土壤为无斥水等级时，水头差为 20kPa、40kPa 和 60kPa 分别对应的稳定入渗速率为 0.014cm/s、0.023cm/s 和 0.025cm/s，稳定入渗速率有所增加，但变幅不大。当土壤十八烷基伯胺含量为 1.0% 时，水头差为 20kPa、40kPa 和 60kPa 分别对应的稳定入渗速率为 0.001cm/s、0.003cm/s 和 0.005cm/s，与无斥水的试样相比分别减小了 92.86%，89.96% 和 88.00%。（3）水头差为 20kPa、40kPa 和 60kPa 时，亲水性土壤各组的穿透时间为 30min、23min 和 10min，而十八烷基伯胺含量为 1.0% 的斥水土壤穿透时间分别超过 1000min、400min 和 300min。

从出渗上看，其变化规律与入渗流量的基本一致，同一时刻下的数值比入渗流量要小，到稳定渗流阶段时，出渗速率与入渗速率基本相同。不同水头差作用下出渗流量存在水平线段。由于试样初始状态为非饱和，入渗开始阶段，水在短时间内快速充填试样内部孔隙；当入渗流量达到一定值时，试样趋于饱和，多余水量经排水管流出，试样处于稳定渗流阶段。起始出渗时间随水头差的增大而缩短，随斥水等级的增大而增大，其中当壤土为极度斥水时，20kPa 水头差作用时入渗流量不增反减，未测得出渗流量［图 4.2-4（f），出渗水头差为 20kPa 的数据为一流量为零的水平直线］，表明水已无法入渗试样，具备抵抗一定水头作用下入渗的能力。

不同斥水等级和水头差作用下试样的渗透试验结果　　　　表 4.2-2

十八烷基伯胺含量/%	斥水等级	初始入渗速率/（cm/s）			稳定入渗速率/（cm/s）			突变历时/min		
		20kPa	40kPa	60kPa	20kPa	40kPa	60kPa	20kPa	40kPa	60kPa
0	无	0.194	0.215	0.218	0.014	0.023	0.025	9.6	12.3	13.9
0.2	无	0.199	0.216	0.235	0.008	0.009	0.015	8	10.6	13.3
0.4	无	0.199	0.202	0.237	0.008	0.007	0.011	7.8	13.4	9.9
0.6	严重	0.210	0.208	0.238	0.005	0.004	0.010	16.3	10.3	13.8
0.8	严重	0.184	0.216	0.247	0.005	0.004	0.007	12.3	7.2	8.1
1.0	极度	0.189	0.212	0.190	0.001	0.003	0.005	5.1	10.4	11.4

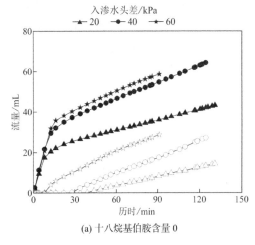

(a) 十八烷基伯胺含量 0

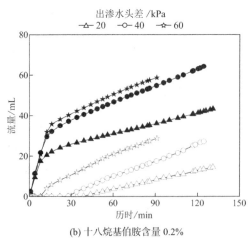

(b) 十八烷基伯胺含量 0.2%

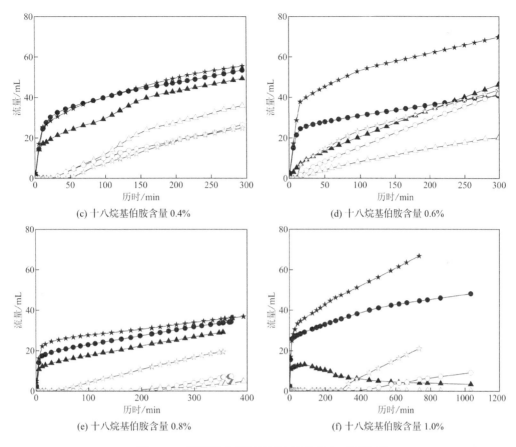

(c) 十八烷基伯胺含量 0.4%　　　　(d) 十八烷基伯胺含量 0.6%

(e) 十八烷基伯胺含量 0.8%　　　　(f) 十八烷基伯胺含量 1.0%

图 4.2-4　不同斥水等级的壤土渗流量与时间关系

4.2.2.3　稳定入渗速率与水头差关系

根据式(4.1-2)计算获得十八烷基伯胺斥水土壤在不同十八烷基伯胺含量下的稳定入渗速率，将不同水头差作用下壤土的稳定入渗速率与十八烷基伯胺含量关系绘于图 4.2-5。由图 4.2-5 可以看出，十八烷基伯胺含量越大，土壤的抗渗性能越好，即十八烷基伯胺含量与土壤入渗速率降低两者呈负线性变化关系。当水压越小，斥水性越大时，入渗率下降幅度明显。当十八烷基伯胺含量为 0 时，水压为 20kPa、40kPa 和 60kPa 时，其入渗速率为 83×10^{-5}cm/s、42×10^{-5}cm/s 和 37×10^{-5}cm/s。随着十八烷基伯胺含量增至 0.4%时，其入渗速率分别为 49×10^{-5}cm/s、30×10^{-5}cm/s 和 25×10^{-5}cm/s，入渗速率明显下降，且入渗速率受水头差的影响越明显，水头差越大，入渗速率越低。当十八烷基伯胺含量为 0.8%时，其入渗速率为 16×10^{-5}cm/s、13×10^{-5}cm/s 和 7.4×10^{-5}cm/s，与亲水土壤的对比，入渗速率下降80.72%、61.42%和69.82%。当十八烷基伯胺含量继续增至 1.0%时，入渗速率几乎接近于 0cm/s，此时入渗速率不受水头差的影响。

由于水溶液在入渗土壤过程中，亲水土壤颗粒会对水溶液产生吸力，极易通过土颗粒之间的孔隙。土壤抗渗性能主要受固体颗粒表面能及孔隙分布的影响。当十八烷基伯胺含量逐渐增加时，水渗透路径相同，土颗粒具有斥水作用，水流要想顺利通过具有斥水效果的位置，则需要更多时间和更大水头差，进而表现为明显的抗渗效果。当十八烷基伯胺含量达到一定时，此时三轴试样具有极度斥水性，现有试验水头差无法穿透试样，试样具有完全不透水性。对于防渗要求高的工程来说，抗渗性能越好越能发挥经济效益和防渗效果。当能够解决土壤本身的亲水性时，能够最大程度上提高工程的安全性且抗渗效果相较传统防渗效果来说要好。根据本书试验结果分析，当十八烷基伯胺含量为 0.8%、水头差为 60kPa 时，其入渗速率为 7.4×10^{-5}cm/s，已属于高防渗级别，完全符合防渗工程需求。

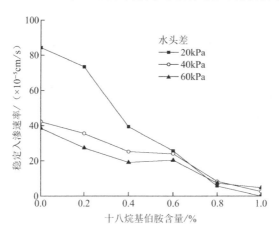

图 4.2-5　不同水头差下试样稳定入渗速率与十八烷基伯胺含量关系

4.3　掺砂斥水心墙料渗透试验

　　土石坝工程中，心墙防渗质量是决定工程是否正常运营的关键因素之一。若处理不当，极易发生渗透破坏、水量流失、坝体开裂、心墙劈裂等一系列工程问题，带来巨大安全隐患，造成重大财产损失。世界上发生过多起大坝事故，其中主要原因包括渗漏破坏、侵蚀与管道变形渗漏等。部分学者对心墙渗透性能开展了大量研究，主要集中在室内和现场试验、数值模拟、心墙料改良等方面。传统心墙料主要是由低渗透性的黏性土组成，是良好的防渗材料。为了提高心墙的力学和变形性能，部分工程采用掺砂方式来满足上述要求，但这会对心墙的防渗质量产生不利影响。此外，黏性土本质是亲水的，一旦外界条件改变导致心墙结构和受力性状发生改变，有可能使心墙防渗质量下降甚至丧失，导致重大安全灾害事故的发生。若能将掺砂心墙料的抗渗性能提升，又不影响其力学和变形性能，则有助于掺砂心墙料的大范围推广使用。据此，本书在前述研究基础上，采用十八烷基伯胺作为斥水剂，将红土斥水化后与砂土按不同比例混合，制备了相应的掺砂斥水心墙料，并开展了相应的恒压渗透试验，考虑了不同水头、土石比和击实数对其渗透性能的影响。研究成果可为土石坝工程心墙设计提供研究基础，也为其他水利工程防渗提供新的思路。

4.3.1　试验准备

（1）试验材料

　　为保证试样的精准度，试验采用的砂为厦门艾思欧标准砂有限公司生产的中国 ISO 标准砂，相对密度 2.74，粒径范围为 0.08～2mm。试验采用的红土与斥水剂与前述章节一致。

（2）试验装置

　　试验装置主要包括恒压装置和渗透装置。恒压装置由空气压缩机和稳压器组成，最大压力 0.8MPa，精度 0.01MPa；渗透装置由净健牌 10in 前置过滤器改制而成，经测试具有良好气密性和高承压性（≥1MPa），见图 4.3-1。流出水量采用量筒来测定，最大量程 50mL，精度 1mL。

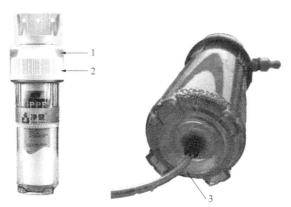

1—进气口；2—可拆卸密封顶盖；3—出水管

图 4.3-1　恒压渗透装置

（3）掺砂斥水心墙料的制备

先按前述章节的制备工艺制备好不同斥水等级的斥水红土。为便于后期分析，采用水电工程中的土石比概念来描述掺砂量的不同，定义为单位体积试样中斥水红土质量与砂质量之比。据此配置了土石比分别为 5%、10% 和 15% 三种掺砂斥水心墙料。同时将未掺砂的斥水土作为土石比为 0 的试样，一起对比分析掺砂后的影响。

4.3.2　试验方案

试验方案主要包括不同水头 H、土石比 R 和击实数 N 三方面，具体见表 4.3-1，共计 12 组。试验开始前，试样均为干燥圆柱样，底面积为 54.7cm^2，高度受击实数影响略有不同，平均高度 4cm。需要说明的是，试验过程中逐级施加水头，当在某级水头作用下试样发生稳定渗透后，再施加下一级水头继续开展渗透试验。这样不仅使得试验效率提高，也避免了制样带来的不确定性。

由于试样并非饱和且不同条件下发生稳定渗流时的过水断面面积均不相同，故此时的渗透系数为某一状态下的稳定渗透系数，数值上均小于饱和渗透系数。由于本书重点分析掺砂斥水心墙料的渗流特性，整个试验过程中作用在试样上的水头是常数，因此可用达西定律及常水头试验相关标准来计算相应的稳定渗透系数。当某一时间段内渗出水量随时间推移是均匀的，可认为试样处于稳定渗流状态。

恒压渗透试验方案　　　　　　　　　　　　　　　　　　表 4.3-1

方案编号	土石比 R/%	击实数 N	备注
①-1	0	16	所有试样试验水头均按照 1m 水头增量逐级施加。每级水头作用下待其渗出流量稳定后，再施加下一级水头。最大水头为 10m
①-2	5	16	
①-3	10	16	
①-4	15	16	

方案编号	土石比R/%	击实数N	备注
②-1	0	20	
②-2	5	20	
②-3	10	20	所有试样试验水头均按照 1m 水头增量逐级施加。每级水头作用下待其渗出流量稳定后,再施加下一级水头。最大水头为10m
②-4	15	20	
③-1	0	24	
③-2	5	24	
③-3	10	24	
③-4	15	24	

4.3.3 试验结果与分析

4.3.3.1 斥水度

普通红土斥水前后的斥水效果见图 4.3-2,可以明显看到斥水土具有显著的斥水性。不同掺砂斥水心墙料的滴水入渗时间及相应的斥水等级见表 4.3-2。可以看出,未掺砂的斥水土,其滴水穿透时间超过 3600s,水滴能长期保持在土体表面,斥水等级为极度。掺砂后的斥水土,其滴水穿透时间有明显降低且随着土石比的增加而减小,但总体上不同土石比的试样滴水穿透时间均超过 2000s,斥水等级为严重,表现出良好的斥水性。

斥水度检测结果 表 4.3-2

土石比R/%	滴水穿透时间/s	斥水等级
0	> 3600	极度
5	2624	严重
10	2478	严重
15	2182	严重

(a) 普通土　　　　　　　　　　(b) 斥水土

图 4.3-2　土体斥水效果

4.3.3.2 起渗历时与穿透水头

起渗历时是指当试样上施加水头开始,直至出水管有水连续稳定排出所需要的时间。试验采用水头为 2m。图 4.3-3 为起渗历时与土石比和击实数的关系，其中土石比为 0 对应的数值为普通土的起渗历时，目的是便于与掺砂斥水土的起渗历时进行比较。可以看出，随着土石比的增大，起渗历时越小；随着击实数的增大，起渗历时越大。普通土不具斥水性，一旦与水相遇，水分便快速入渗，待试样吸水饱和后，多余水分便从排水管排出，历时较短。纯斥水土具有极度斥水性，在 2m 水头的长时间（本书历时超过 10d）作用下并无水分排出，抗渗性能良好。斥水土掺砂后，土体内部孔隙结构发生较大变化，大孔径的存在及亲水砂的充填导致斥水土的抗渗性能下降，起渗历时缩短，但总体上仍比普通土要好。

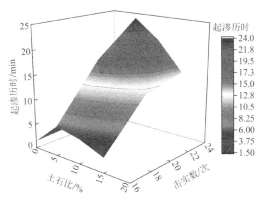

图 4.3-3　土起渗历时与土石比、击实数关系

穿透水头是指让土体开始产生渗流时所需要的水头。我们发现，普通土不具有穿透水头，或者说穿透水头为零。斥水土在水头为 5m 时，方才出现渗透现象，小于 5m 时并未发生渗透，可说明该斥水土的穿透水头为 5m。掺砂斥水土的穿透水头不尽相同，随着土石比的增大和击实数的减小，穿透水头有所降低。除了土石比为 5%、击实数为 16 次的试样在 1m 水头下未出现明显渗透以外，其余试样均在 1m 水头作用下已产生渗透。试验结果表明，斥水土掺砂后，其抵抗水头的能力会迅速降低，穿透水头大大减小。就本书而言，土石比为 5%、击实数为 16 次的试样穿透水头为 2m，其余试样穿透水头均小于 1m。

4.3.3.3　稳定渗透系数

图 4.3-4 为不同土石比下击实数与稳定渗透系数的关系，其中①、②和③水平线的纵坐标分别代表击实数为 16 次、20 次和 24 次时普通土的稳定渗透系数。可以看出，随着击实数的增加，稳定渗透系数总体呈减小趋势。相同条件下，击实数为 24 次的稳定渗透系数最小，最小值为纯斥水土的 1.92×10^{-6}cm/s。对于掺砂斥水心墙料而言，通过增加击实数能够有效地降低其稳定渗透系数，尤其是在数量级上有明显减小，均比普通土的稳定渗透系数要小。击实作用加密了掺砂斥水心墙料的内部结构，孔隙减小，导致渗透性能进一步降低。但击实数达到一定值时，掺砂斥水心墙料的内部结构基本处于稳定状态，光靠增加击实数难以进一步加密掺砂斥水心墙料，对稳定渗透系数的影响不大。

图 4.3-5 为不同击实数下土石比与稳定渗透系数的关系。可以看出，随着土石比的增加，稳定渗透系数总体上呈线性增大趋势。相同条件下，土石比为 15% 时的稳定渗透系数最大，最大值为击实数 16 次时的 3.16×10^{-5}cm/s。这表明，斥水剂作用后的斥水土抗渗能力有所提高，甚至在一定条件下能阻止水分穿透。斥水土掺砂后，亲水砂土的存在改变了土壤原有内部结构，其渗透性得到改善，斥水剂的影响被削弱了，稳定渗透系数也明显增

大。但总体上看，掺砂斥水心墙料的渗透性能比普通土的渗透性能还是明显偏低的，稳定渗透系数均小于普通土的渗透系数，表明掺砂斥水心墙料的抗渗能力均有较大提升。

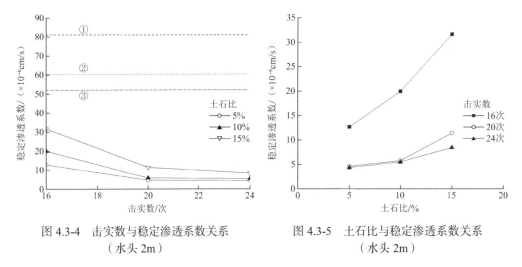

图 4.3-4　击实数与稳定渗透系数关系（水头 2m）　　图 4.3-5　土石比与稳定渗透系数关系（水头 2m）

图 4.3-6 为不同土石比下水头与稳定渗透系数的关系。可以看出，随着作用水头的增大，普通土的稳定渗透系数有所降低，而掺砂斥水土的稳定渗透系数有所增大。土石比越大，相应的稳定渗透系数也越大。对于普通土而言，由于试样初始状态为干燥，吸水饱和过程中试样逐渐密实。水头越大，对土体的密实效果也越好，其内部越为致密，因此表现出渗透性降低。对于掺砂斥水土而言，斥水性会阻碍水在孔隙中正常流动。当作用在试样中的水头超过穿透水头时，渗流开始出现。从微观上看，水分贯通区域并不是所有孔隙通道，渗流仅发生在对水流阻力较弱的小部分通道，剩余通道仍具有阻碍水分穿过的能力。水头越大，剩余通道则有部分被继续贯通，水分贯通区域也越大，实际过水断面面积也就越大，进而表现出试样的渗透性越好，稳定渗透系数也越大。

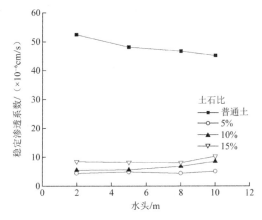

图 4.3-6　水头与稳定渗透系数关系（击实数 24 次）

4.4　本章小结

（1）当十八烷基伯胺含量小于 0.4% 时，通过重塑后的三轴斥水试样未受影响，仍表现出亲水性。当十八烷基伯胺含量大于 0.6%时，对重塑后的三轴试样斥水性影响不大，仅为轻微减小。由于十八烷基伯胺改性红土为表面改性，内部结构不受影响，当十八烷基伯胺含量低于 0.4%时，斥水化影响范围有限，通过制样时锤击等因素造成斥水化表面受到破坏，从而导致斥水性下降。当十八烷基伯胺含量大于 0.6%时，红土的斥水性能够得到更有效的保证，从而导致改性红土的斥水性丧失不明显。

（2）十八烷基伯胺含量和土壤含水率是影响土壤斥水性的重要因素。十八烷基伯胺含量越大，土壤斥水性越强。十八烷基伯胺含量为 0.2%和 0.4%的壤土，其上限含水率分别为 11.1%和 10.8%，下限含水率分别为 23.9%和 24.1%；十八烷基伯胺含量为 0.6%、0.8%和 1.0%的壤土，其上限含水率分别为 3.5%、2.8%和 2.0%，下限含水率分别为 26.3%、27.1%和 27.3%。要使壤土斥水性长期稳定，需合理控制土壤含水率和十八烷基伯胺含量。十八烷基伯胺含量存在一最优值，即可满足斥水等级要求。

（3）十八烷基伯胺含量相同时，初始入渗速率随水头的增加而增大；相同水头条件下，十八烷基伯胺含量对初始入渗速率影响不明显。入渗持续一段时间后，入渗速率突然降低，进入稳定入渗阶段。水头差越大，突变所需历时越长，相应的入渗流量越大。水头差越大，稳定渗入速率有所增长。随着十八烷基伯胺含量的增加，稳定渗入速率呈下降趋势，表明斥水性越强的土壤阻渗效果越明显，水越难以渗入土壤。起始渗出时间随水头差的增大而缩短，随十八烷基伯胺含量的增大而增大，甚至水已无法渗入试样。

（4）随着十八烷基伯胺含量的增加，稳定渗透系数均呈下降趋势。水头差越小，下降幅度越明显。十八烷基伯胺含量较低时（0、0.2%和 0.4%），渗透系数受水头差影响较大：水头差越大，渗透系数越小。十八烷基伯胺含量达到一定值时（0.6%、0.8%和 1.0%），渗透系数基本不受水头差的影响，甚至不产生渗流。

（5）十八烷基伯胺含量为 0.8%的斥水红土，含水率对其斥水性的影响程度较小。同时其在 6m 水头差作用下的渗透系数为 $7.4 \times 10^{-5} cm/s$，已属于极低透水性级别，可满足工程防渗需要。

（6）随着土石比的增大，掺砂斥水心墙料的起渗历时越小；随着击实数的增大，起渗历时越大。纯斥水土具有极度斥水性，在 2m 水头的长时间作用下并无水分排出，抗渗性能良好。斥水土掺砂后，土体内部孔隙结构发生较大变化，大孔径的存在及亲水砂的充填导致斥水土的抗渗性能下降，但总体上仍比普通土要好。纯斥水土的穿透水头为 5m，土石比为 5%、击实数为 16 次时，穿透水头为 2m。其余试样的穿透水头均小于 1m。

（7）掺砂斥水心墙料的稳定渗透系数均比普通红土的要小，其抗渗性能均有显著提高。随着土石比的增加，稳定渗透系数总体呈线性增大趋势；随着击实数的增加，稳定渗透系数总体上呈减小趋势。当土石比为 15%、击实数为 16 次时，掺砂斥水心墙料的稳定渗透系数最大，最大值为 $3.16 \times 10^{-5} cm/s$。纯斥水土且击实数为 24 次时，其稳定渗透系数最小，最小值为 $1.92 \times 10^{-6} cm/s$。

（8）随着作用水头的增大，普通红土的稳定渗透系数有所降低，而掺砂斥水土的稳定渗透系数有所增大。水头越大，被水分贯通的区域也越大，实际过水断面面积也就越大，进而表现出掺砂斥水土的渗透性越好，稳定渗透系数也越大。

参考文献

[1] 邓刚, 丁勇, 张延亿, 等. 土质心墙土石坝沿革及体型和材料发展历程的回顾[J]. 中国水利水电科学研究院学报, 2021, 19(4): 411-423.

[2] 王刚, 韦林邑, 魏星, 等. 高土石坝心墙水力破坏机制研究进展[J]. 水利水电技术, 2019, 50(8): 58-65.

[3] 王艺洁, 陶虎, 张少英, 等. 心墙坡比突变对水力劈裂影响的离心模型试验研究[J]. 中国农村水利水电, 2021: 1-10.

[4] 李兵. 沥青混凝土心墙土石坝渗漏分析以及修复研究[J]. 陕西水利, 2021, 245(6): 28-30, 33.

[5] 焦阳, 任国峰, 彭卫军, 等. 沥青混凝土心墙坝抗震加固离心机振动台试验研究[J]. 岩土工程学报, 2020, 42(S1): 167-171.

[6] Su Z, Chen G, Meng Y. Study on seepage characteristics and stability of core dam under the combined action of the variation of reservoir water level and rainfall[J]. Geotechnical and Geological Engineering, 2021, 39(1): 193-211.

[7] 卢斌, 谢兴华, 吴时强, 等. 超高心墙坝非稳定渗流三维有限元分析[J]. 岩土工程学报, 2018, 40(S2): 73-76.

[8] Alzamily Z N, Abed B S. Comparison of Seepage Trough Zoned Earth dam Using Improved Light-Textured Soils[J]. Journal of Engineering, 2022, 28(3): 32-45.

[9] 邱翔博, 王欢, 张旭, 等. 粉砂土改良膨胀土渗透性与孔隙特性研究[J]. 河南大学学报(自然科学版), 2021, 51(5): 614-623.

[10] 吴珺华, 刘嘉铭, 王茂胜, 等. 斥水土壤斥水度变化规律及影响因素试验研究[J]. 水利水电技术(中英文), 2021, 52(1): 185-190.

[11] 吴珺华, 林辉, 刘嘉铭, 等. 十八烷基伯胺化学改性下壤土的斥水性与入渗性能研究[J]. 农业工程学报, 2019, 35(13): 122-128.

[12] Fredlund D G, Morgenstern N R. Stress state variables for unsaturated soils[J]. Journal of Geotechnical Engineering Division, 1977, 103: 447-466.

[13] 王中平, 孙振平, 金明. 表面物理化学[M]. 上海: 同济大学出版社, 2015.

[14] 李毅, 商艳玲, 李振华, 等. 土壤斥水性研究进展[J]. 农业机械学报, 2012, 43(1): 68-75.

[15] Li Y, Shang Y L, Li Z H, et al. Advance of Study on Soil Water Repellency[J]. Transactions of the Chinese Society for Agricultural Machinery, 2012, 43(1): 68-75.

[16] DeBano L F. Water repellency in soils: a historical overview[J]. Journal of Hydrology, 2000, 231-232: 4-32.

[17] Doerr S H, Shakesby R A, Walsh R P D. Soil water repellency: its causes, characteristics and hydro-geomorphological significance[J]. Earth-Science Reviews, 2000, 51(1-4): 33-65.

[18] Doerr S H, Ferreira A J D, Walsh R P D, et al. Soil water repellency as a potential parameter in rainfall-runoff modeling: experimental evidence at point to catchment scales from portugal[J]. Hydrological Process, 2003, 17(2): 363-377.

[19] Bauters T W J, Dicarlo D A, Steenhuis T S, et al. Preferential flow in water-repellent sands[J]. Soil Science Society of America Journal, 1998, 62(5): 1185-1190.

[20] Feng G L, Letey J, Wu L. Water ponding depths affect temporal infiltration rates in a water-repellent sand[J]. Soil Science Society of America Journal, 2001, 65(2): 315-320.

[21] Thomas G W, Phillips R E. Consequences of water movement in macropores[J]. Journal of Environmental

Quality, 1979, 8: 149-152.

[22] Coles N, Trudgill S. The movement of nitrogen fertilizer from the soil surface to drainage waters by preferential flow in weakly structured soils[J]. Agriculture Ecosystems and Environment, 1985, 13: 241-259.

[23] 毛昶熙. 管涌与滤层的研究: 管涌部分[J]. 岩土力学, 2005, 26(2): 209-215.

[24] 施成华, 彭立敏. 基坑开挖及降水引起的地表沉降预测[J]. 土木工程学报, 2006, 39(5): 117-121.

[25] 汪益敏, 陈页开, 韩大建, 等. 降雨入渗对边坡稳定影响的实例分析[J]. 岩石力学与工程学报, 2004, 23(6): 920-924.

[26] 陈生水, 钟启明, 陶建基. 土石坝溃决模拟及水流计算研究进展[J]. 水科学进展, 2008, 19(6): 903-910.

[27] 杨蕴, 吴剑锋, 林锦, 等. 控制海水入侵的地下水多目标模拟优化管理模型[J]. 水科学进展, 2015, 26(4): 579-588.

[28] 叶为民, 金麒, 黄雨. 地下水污染试验研究进展[J]. 水利学报, 2005, 36(2): 251-255.

[29] Deurer M, Bachmann J. Modeling water movement in heterogeneous water repellent soil: 2. A conceptual numerical simulation[J]. Vadose Zone Journal, 2007, 6(3): 446-457.

[30] Fredlund D G, Xing A. Equations for the soil-water characteristic curve[J]. Canadian Geotechnical Journal, 1994, 31(3): 521-532.

[31] 王景明, 王珂, 郑咏梅, 等. 荷叶表面纳米结构与浸润性的关系[J]. 高等学校化学学报, 2010, 31(8): 1596-1599.

[32] Lee W, Jin M K, Yoo W C, et al. Nanostructuring of a polymeric substrate with well-defined nanometer scale topography and tailored surface wettability[J]. Langmuir, 2004, 20(18): 7665-7669.

[33] 徐先锋, 刘烁, 洪龙龙. 非金属超疏水材料的制备方法及研究进展[J]. 中国塑料, 2013, 27(5): 12-18.

[34] 杨松, 龚爱民, 吴珺华, 等. 接触角对非饱和土中基质吸力的影响[J]. 岩土力学, 2015, 36(3): 674-678.

[35] 顾春元, 狄勤丰, 景步宏, 等. 疏水纳米 SiO_2 抑制黏土膨胀机理[J]. 石油学报, 2012, 33(6): 1028-1031.

[36] 罗逸, 郑家燊, 郭稚弧, 等. 膨胀土化学改性对土体力学行为的影响[J]. 水文地质工程地质, 1995, 6: 19-20, 35.

[37] 刘清秉, 项伟, 张伟锋, 等. 离子土壤固化剂改性膨胀土的试验研究[J]. 岩土力学, 2009, 30(8): 2286-2290.

[38] Roper M M. The isolation and characterisation of bacteria with the potential to degrade waxes that cause water repellency in sandy soils[J]. Australian Journal of Soil Research, 2004, 42(4): 427-434.

[39] Franco C M M, Tate M E, Oades J M. Studies on non-wetting sands: I. The role of intrinsic particulate organic matter in the development of water repellency in non-wetting sands[J]. Australian Journal of Soil Research, 1995, 33(2): 253-263.

[40] 周芳琴, 罗鸿禧. 微生物对某些岩土工程性质的影响[J]. 岩土力学, 1997, 18(2): 17-22.

[41] BDV Woudt. Particle coatings affecting the wettability of soils[J] Journal of Geophysical Research Atmospheres, 1959, 64(2): 263-267.

[42] Jordan A, Zavala L M, Nava A L, et al. Occurrence and hydrological effects of water repellency in different soil and land use types in Mexican volcanic highlands[J]. Catena, 2009, 79(1): 60-71.

[43] Li X, Wang Z, Yang L, et al. Synthesis and Performance of Magnetic Oil Absorption Material with Rice Chaff Support[J]. Materials Review B: Research, 2018, 32(1): 219-222, 227.

[44] Nyman P, Sheridan G J, Smith H G, et al. Modeling the effects of surface storage, macropore flow and water repellency on infiltration after wildfire[J]. Journal of hydrology, 2014, 513: 301-313.

[45] Bisdom, E B A, Dekker L W, Schoute J F T. Water repellency of sieve fractions from sandy soils and relationships with organic material and soil structure[J]. Geoderma, 1993, 56: 105-118.

[46] 杨松, 黄剑峰, 罗茂泉, 等. 斥水性砂土水-气形态及其对斥水-亲水转化的影响分析[J]. 农业机械学报, 2017, 48(11): 247-252.

[47] Dekker L W, Ritsema C J. Wetting patterns and moisture variability in water repellent Dutch soils[J]. Journal of Hydrology, 2000, 231-232: 148-164.

[48] Liu H, Ju Z, Bachmann J, et al. Moisture dependent wettability of artificial hydrophobic soils and its relevance for soil water desorption curves[J]. Soil Science Society of America Journal, 2012, 76(2): 342-349.

[49] Liu C, Chen J Y, Zhang L, et al. Effect of initial soil moisture content on infiltration characteristics of water-repellent clay loam[J]. Journal of drainage and Irrigation Machinery Engineering, 2018, 36(4): 354-361.

[50] 王沛, 石磊, 姚远宏. 不同渗透压力条件下黏质粉土的渗透试验研究[J]. 土工基础, 2018, 32(5): 567-570.

[51] 曹子明. 高压条件下石英砂渗透特性试验研究[D]. 沈阳: 沈阳建筑大学, 2021.

[52] 苗强强, 陈正汉, 孙树国, 等. 含黏砂土渗透系数的 3 种试验方法浅析[J]. 后勤工程学院学报, 2010, 26(4): 8-12.

[53] 文一多. 砂土/粉土-膨润土防污隔离墙渗透性的室内和现场试验研究[D]. 杭州: 浙江大学, 2017.

[54] 陈志强, 高成城, 任水源, 等. 基于非稳定流抽/压水试验的岩体渗透系数求解方法[J]. 水电能源科学, 2016, 34(7): 143-145.

[55] 李刚, 陈亮, 陈建生, 等. 基于竖管法和微水试验相结合的探测砂土渗透系数的方法研究[C]//第十二次全国岩石力学与工程学术大会, 南京.

[56] 罗凌晖. 基于 HCA 的软黏土静动渗透试验研究及应用[D]. 杭州: 浙江大学, 2020.

[57] 《工程地质手册》编委会. 工程地质手册[M]. 4 版. 北京: 中国建筑工业出版社, 2007.

第5章

斥水土壤强度特性试验研究

天然状态下的砂土具有良好渗透性，压缩性低，强度较高，因此砂土常作为土木水利交通工程中不可缺少的工程材料之一。抗剪强度一般是用于衡量砂土力学性质的基本指标，主要包括黏聚力和内摩擦角，可以通过强度试验获得。此外，砂土的密实度、表面粗糙度、颗粒形状、颗粒级配以及含水率等因素对砂土的抗剪强度会有较大影响。Martinez 采用微生物技术对粘结性较差的砂砾石层进行胶结加固，胶结后的抗剪强度大大提高。韩琳琳通过离子土壤固化剂改性膨胀土后进行抗剪强度试验，发现离子土壤固化剂能够较好地抑制膨胀土的胀缩性能，并且能够提升膨胀土的黏聚力和内摩擦角，膨胀土的工程性质大为改善。王海东通过非饱和砂土直剪试验发现，当砂土含水率大于临界含水率时，抗剪强度随含水率的增大而降低；而当含水率小于临界含水率时，非饱和砂土的抗剪强度基本不受影响。慕青松建立了非饱和砂土的抗剪强度随砂土初始含水率的变化规律。由于学科差异的影响，在土壤学和农业学等领域，针对斥水土壤的力学行为研究成果并不多见，主要集中在对天然斥水土壤研究上，主要目的是通过各种技术手段来改善土壤的斥水度，使其有利于农业生产，而对改善后土壤的力学行为鲜有考虑。许朝阳利用某细菌的代谢产物对粉土进行改性，并对改性土壤进行饱和渗透试验和无侧限抗压强度试验，发现改性后的土壤渗透性明显降低，强度有小幅增长。当活化反应环境适宜时，微生物活动将按指数级特征改变土壤的渗透性、强度和模量等土壤性质。上述研究集中在微生物对土壤性质的改良上，而在土木水利交通工程领域，大部分工程环境并不利于微生物的成长，微生物对实际工程的影响可忽略。化学改性的方法并不会对土颗粒内部结构和化学成分造成影响，仅在颗粒表面进行处理使其表面能发生显著变化，进而影响土壤与水的接触程度，因此该法可用于调节重塑土壤的渗透性能。虽然土颗粒内部结构和化学成分并不改变，但是土壤在荷载作用下主要产生剪切变形，微观上表现为土颗粒之间的滑移和咬合错动，由于土颗粒表面性质发生了改变，因此土颗粒之间的摩擦系数必然发生改变，导致土壤内摩擦角发生改变；同样颗粒之间的各种物理化学作用力（静电引力、范德华力、胶结力等）必然也发生改变，导致土壤黏聚力发生改变。双重条件的改变必然对其抵抗剪切变形的能力造成影响，进而影响土壤的宏观力学性质。那么其强度性质如何变化？随着外界环境的变化，土壤斥水性亦有变化，其对土壤强度性质的影响规律又如何？由于土壤孔隙水无法轻易溢出，在荷载作用下其应力应变关系有何变化规律？若能获得改性后土壤力学行为与斥水度的关系，建立不同斥水度土壤的力学与变形发展规律，寻找出同时满足防渗、强度和变形的斥水性土壤的制作方法和适用条件，无疑对土木水利交通工程学科的发展具有较好推动作用。

综上所述，本章首先介绍了非饱和土强度一般理论，然后在前期土壤斥水化研究基础上，分别制备了不同斥水剂、含水率及黏性土掺量的斥水砂土，对其开展了非饱和直剪试验，测定了斥水土壤的应力变形关系，获得了总应力抗剪强度指标及其与含水率、黏性土含量之间的关系，建立了斥水土壤的抗剪强度经验模型，为斥水土壤工程应用提供试验基础。

5.1　非饱和土抗剪强度一般理论

　　土壤的抗剪强度指标是土壤稳定性计算分析中最重要的计算参数，计算结果的可靠性很大程度上取决于指标的准确性。对于非饱和土，越来越多的成果表明需采用两个独立的应力状态变量来确定非饱和土的应力状态和抗剪强度。弗雷德隆德和摩根斯坦通过试验和理论分析，建议采用$(\sigma - u_a)$和$(u_a - u_w)$这两个独立的应力变量来建立非饱和土的抗剪强度公式，认为非饱和土的抗剪强度是由有效黏聚力c'、净法向应力$(\sigma - u_a)$引起的强度、基质吸力$(u_a - u_w)$引起的强度共同组成。

$$\tau_{ff} = c' + (\sigma_f - u_a)_f \tan \varphi' + (u_a - u_w)_f \tan \varphi^b \qquad (5.1\text{-}1)$$

　　式(5.1-1)为非饱和土壤的双应力变量抗剪强度公式，又称为延伸的摩尔库仑强度公式。

式中：τ_{ff}——峰值抗剪强度（kPa）；

$\quad c'$——有效黏聚力（kPa）；

$(\sigma_f - u_a)_f$——破坏时在破坏面上的净法向应力（kPa）；

$\quad \varphi'$——有效内摩擦角（°）；

$\quad u_{af}$——破坏时在破坏面上的孔隙气压力（kPa）；

$(u_a - u_w)_f$——破坏时破坏面上的基质吸力（kPa）；

$\quad u_{wf}$——破坏时的孔隙水压力（kPa）；

$\quad \varphi^b$——抗剪强度随基质吸力增加而增加的速率，为一角度（°）。

　　在常规直剪仪中，认为试样与大气相通，有$u_a = 0$，式(5.1-1)改写为：

$$\tau_f = c + \sigma_v \tan \varphi' + u_s \tan \varphi^b \qquad (5.1\text{-}2)$$

式中：τ_f——峰值抗剪强度（kPa）；

$\quad \sigma_v$——上覆压力（kPa）；

$\quad u_s$——破坏时的基质吸力（kPa）；

$\quad c$——总黏聚力（kPa）；

$\quad \varphi$——内摩擦角（°）。

　　在$\tau_f\text{-}\sigma_v$平面上，式(5.1-2)通常表现为线性关系。因此又可改写为：

$$\tau_f = c_{app} + \sigma_v \tan \varphi \qquad (5.1\text{-}3)$$

式中：c_{app}——表观黏聚力（kPa），相同饱和度条件下为常数。可由下式决定：

$$c_{app} = c + u_s \tan \varphi^b \qquad (5.1\text{-}4)$$

　　式(5.1-1)中的φ^b在低基质吸力范围内，通常表现为常数，即相同的基质吸力改变量产生相同的抗剪强度改变量。当吸力值较大时，φ^b不再表现为常数，此时非饱和土的抗剪强度与基质吸力之间的关系是非线性的。

　　图 5.1-1 表示为一典型、非线性的基质吸力破坏包线。可以看出，在低基质吸力下，φ^b约等于φ'，但在高基质吸力下有所降低。假设试样初始饱和并在垂直法向压力下变形稳定，并维持基质吸力恒为零。此时土壤的抗剪强度等于饱和抗剪强度，为$c' + (\sigma_f - u_a) \tan \varphi'$。

此时试样初始状态用A点表示。

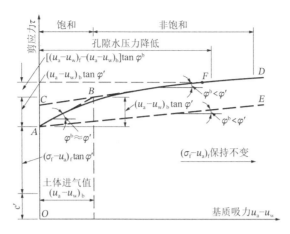

图 5.1-1　基质吸力与剪应力破坏包线的非线性

现在在维持净法向应力不变的情况下，增加孔隙气压力以产生正的基质吸力。低基质吸力下，少许水分排出，试样体积收缩，但仍处于饱和状态。此时，孔隙水压力和总法向应力对抗剪强度的影响取决于内摩擦角φ'，抗剪强度随基质吸力增加而增加的程度仍由φ'决定。只要试样一直处于饱和状态，剪应力与基质吸力的破坏包线的倾角φ^b仍等于φ'，见图 5.1-1 中的AB段，其中B点对应的基质吸力值约为试样的进气值。这表明只要土壤是饱和的，即使孔隙水压力为负值，饱和土的抗剪强度公式仍然适用。

通常假定土在不同净围压下的进气值是相同的。当基质吸力超过土壤的进气值时，空气进入土中，孔隙水部分排出，试样处于非饱和状态。由于只有部分孔隙水被排出，因此基质吸力的增加而引起的抗剪强度的增加，不如净法向应力的增加引起的抗剪强度增加得多。图 5.1-1 表明，当基质吸力增大到超过B点所对应的值时，φ^b减小到低于φ'。此时宜采用净法向应力$(\sigma - u_a)$和基质吸力$(u_a - u_w)$来描述它们对非饱和土抗剪强度的影响。

为解决剪应力与基质吸力破坏包线的非线性问题，常用的方法是将破坏包线分成两个线性部分。图 5.1-1 中的破坏包线可采用直线AB和BD来近似代替原始曲线。当基质吸力小于$(u_a - u_w)_b$时，破坏包线的倾角为φ'，交纵坐标于A点；当基质吸力大于$(u_a - u_w)_b$时，破坏包线的倾角为φ^b，交纵坐标于C点。若从A点作一条倾角为φ^b的直线AE，可以看出，若直接采用BD段的倾角作为φ^b，求得的抗剪强度偏低，此时估算的抗剪强度是偏于保守的。

5.2　试验材料及方案

5.2.1　试验材料

试验用砂为粗粒土选自某一工程的砂土，其基本参数和斥水化过程见第 2 章。抗剪强度试验仪器为 LH-DDS-1U 型杠杆式非饱和土直剪仪，剪切速率为 0.01～4.8mm/min，水平最大剪切力 5kN，配套 0～5kN 荷重传感器，精度 ±0.15%，位移精确度为 0.01mm，最大位移 20mm，如图 5.2-1 所示。装置法向加载不受孔隙气压力的影响。试样尺寸为$\phi 61.8mm \times H20mm$，数据由荷重传感器传入采集系统，图像自动生成剪切应力τ（kPa）与水平位移ΔL（mm）的关系曲线。

1—压力室；2—步进电机；3—数显仪；4—力传感器；5—杠杆；6—气压表

图 5.2-1　杠杆式非饱和土直剪仪

5.2.2　试验方案

（1）根据第 2 章中砂土斥水化试验结果，发现二氯二甲基硅烷含量为 2%、2.5% 和 3% 的斥水砂土能够快速到达极度斥水等级，且斥水持续时间长，因此选取 2%、2.5% 和 3% 这三组作为直剪试样，并按照低含水率组（不高于 8%）和高含水率组（不低于 8%）等进行直剪试验试样的制备。将配置好后的斥水砂土按上述含水率的要求混合搅拌均匀，装入密封塑料盒中，放入阴凉处至少 24h，取出测定含水率，其水分损失率 ≤3% 时认为满足试验要求。此外，为对比不同含水率组的斥水砂土抗剪强度变化规律，亦制备了干燥斥水砂，其含水率均为天然风干含水率（低于 0.5%），其余参数与不同含水率组的试样完全一致。

（2）取二氯二甲基硅烷含量为 2%、2.5% 和 3% 三组斥水砂土与过 2mm 筛的亲水性黏土组成混合土，按黏土：斥水砂土的质量比分别为 5%、10%、15%、20%、25%、30%、40% 和 50% 的标准制备混合土，同时采用滴水穿透时间法测定混合土的入渗时间和斥水等级，具体试样见图 5.2-2。

图 5.2-2　不同红土掺量的试样

（3）在上述（1）和（2）基础上，制备初始干密度为 1.4g/cm³、尺寸为 ϕ61.8mm × H20mm 的试样，根据现行《土工试验方法标准》GB/T 50123 关于砂土直剪试样操作标准进行装样。试验为快剪，直剪速率为 0.8mm/min，上覆荷载分别为 50kPa、100kPa、150kPa 和 200kPa，获得剪切力与水平位移的关系。具体试验方案见图 5.2-3。

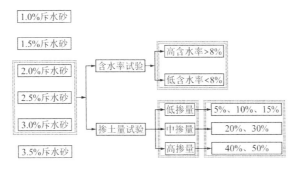

图 5.2-3　斥水砂土 + 混合土直剪试验方案

5.3　试验结果与分析

5.3.1　干燥斥水砂土

图 5.3-1 为二氯二甲基硅烷含量分别为 0、1%、1.5%、2%、2.5%、3%和 3.5%的斥水砂土,其水平荷载与水平位移之间的关系曲线。由 7 组水平荷载-水平位移曲线可以看出,斥水前后砂土的峰值剪应力均随着法向应力的增大而增大;法向应力相同条件下,随着砂土斥水度的增加,最大水平荷载值越小,承受的最大剪应力也越小。亲水性砂土在 200kPa 法向应力时,最大剪应力约为 450N;二氯二甲基硅烷含量为 3.5%的斥水砂土,其最大剪应力下降至约 350N。这表明,砂土抗剪强度随着斥水程度的增大而有所降低。

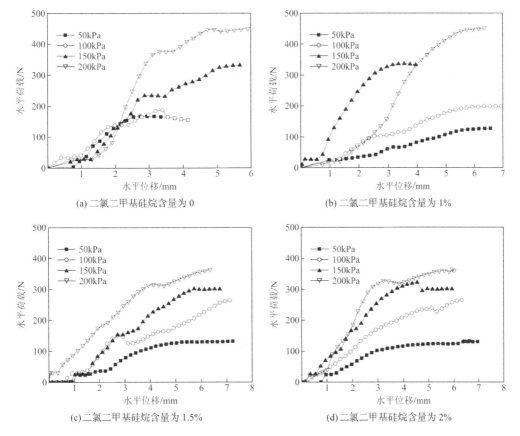

(a) 二氯二甲基硅烷含量为 0

(b) 二氯二甲基硅烷含量为 1%

(c) 二氯二甲基硅烷含量为 1.5%

(d) 二氯二甲基硅烷含量为 2%

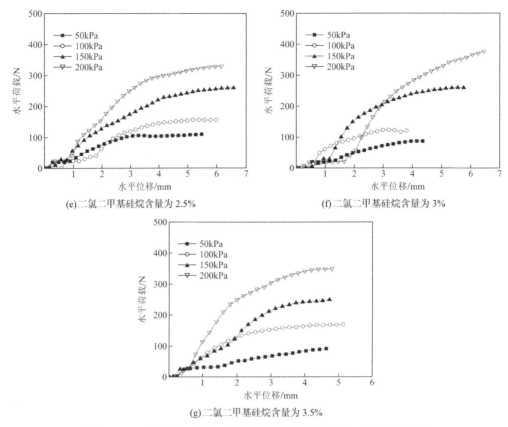

(e) 二氯二甲基硅烷含量为 2.5% (f) 二氯二甲基硅烷含量为 3%

(g) 二氯二甲基硅烷含量为 3.5%

图 5.3-1　不同二氯二甲基硅烷含量的砂土水平荷载与水平位移关系

图 5.3-2 为不同二氯二甲基硅烷含量下，干燥斥水砂土的抗剪强度与法向应力关系曲线。试验结果表明，随着二氯二甲基硅烷含量的增大，干燥斥水砂土的抗剪强度逐渐减小，且二氯二甲基硅烷含量越高，抗剪强度减小幅度越大。将抗剪强度与法向应力关系进行线性拟合，拟合结果见表 5.3-1，其中 QS 表示亲水，CS 表示斥水，括号内数值表示二氯二甲基硅烷的含量。可以看出，当二氯二甲基硅烷含量为 1%时，其斜率为 1.352，与普通组的斜率 1.494 相比，降低了 9.5%，但其抗剪强度总体上变化幅度不大。法向应力为 200kPa时，抗剪强度由 300kPa 降低至 280kPa。从各组斜率变化幅度上看，二氯二甲基硅烷的含量小于 1.5%时，二氯二甲基硅烷的含量对砂土抗剪强度影响不大；当其含量为 2.0%～3.5%时，砂土抗剪强度明显降低，其中在法向应力为 200kPa 时，砂土抗剪强度由 300kPa 分别下降至 150kPa、140kPa、120kPa 和 120kPa。

不同二氯二甲基硅烷含量下斥水砂土抗剪强度与法向应力拟合结果　　表 5.3-1

试样组	截距	斜率
QS（0.0）	4	1.494
CS（1.0%）	5.5	1.352
CS（1.5%）	0.5	1.188
CS（2.0%）	3	0.772
CS（2.5%）	2	0.72
CS（3.0%）	5	0.572
CS（3.5%）	12	0.548

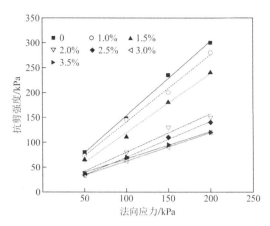

图 5.3-2　不同二氯二甲基硅烷含量下斥水砂土的抗剪强度与法向应力关系

为了更好地描述二氯二甲基硅烷含量对斥水砂土抗剪强度的影响程度，将斥水砂土的抗剪强度与二氯二甲基硅烷含量关系绘制于图 5.3-3。由图 5.3-3 可以看出，不同法向应力作用下，斥水砂土抗剪强度与二氯二甲基硅烷含量呈非线性减小趋势。二氯二甲基硅烷含量低于 1%时，斥水砂土抗剪强度降低程度不明显。当其含量超过 1.5%时，斥水砂土抗剪强度降低较为明显。当其含量超过 2%后，斥水砂土抗剪强度降低趋势逐渐放缓，故总体上斥水砂土抗剪强度随着二氯二甲基硅烷含量的增加，呈现出"缓减—快减—稳定"的特征。

根据摩尔库仑抗剪强度准则，可求出斥水砂土黏聚力、内摩擦角与二氯二甲基硅烷含量的关系曲线，如图 5.3-4 所示。在黏聚力方面，其变化规律并不十分明显，表明二氯二甲基硅烷在提升改性砂土黏聚力方面的能力有限。在内摩擦角方面，随着二氯二甲基硅烷含量的增加，内摩擦角明显降低，从普通砂土的 56.2°降至二氯二甲基硅烷含量为 3.5%的28.4°，降幅达 49.5%。普通砂土在二氯二甲基硅烷的作用下，砂土颗粒表面覆盖了一层薄斥水剂，使其性质发生显著变化，表面能迅速降低，使其由亲水性砂土变为斥水性砂土，砂土颗粒表面摩擦性能明显降低。当砂土颗粒表面基本被二氯二甲基硅烷覆盖后，斥水剂的增加对摩擦性能的影响基本保持不变。但总体上看，二氯二甲基硅烷改性砂土的抗剪强度仍较高，可满足大部分土木水利交通工程的需求。

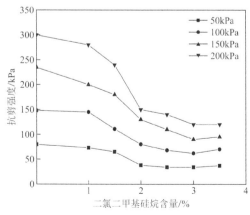

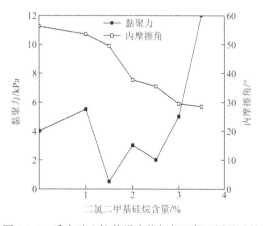

图 5.3-3　斥水砂土抗剪强度与二氯二甲基硅烷含量关系

图 5.3-4　斥水砂土抗剪强度指标与二氯二甲基硅烷含量关系

5.3.2 不同含水率斥水砂土

图 5.3-5～图 5.3-7 分别为二氯二甲基硅烷含量为 2%、2.5% 和 3% 的改性砂土，在不同含水率条件下的荷载与位移关系曲线。可以看出，随着剪切位移的增大，斥水砂土的荷载与位移曲线总体上呈现应变硬化形态，随着含水率的增大，斥水砂土的抗剪强度逐渐降低。当二氯二甲基硅烷含量为 2%、法向应力为 200kPa、含水率由小及大时，各组斥水砂土的抗剪强度分别为 272kPa、266kPa、263kPa、261kPa 和 255kPa，总体上呈微降态势。

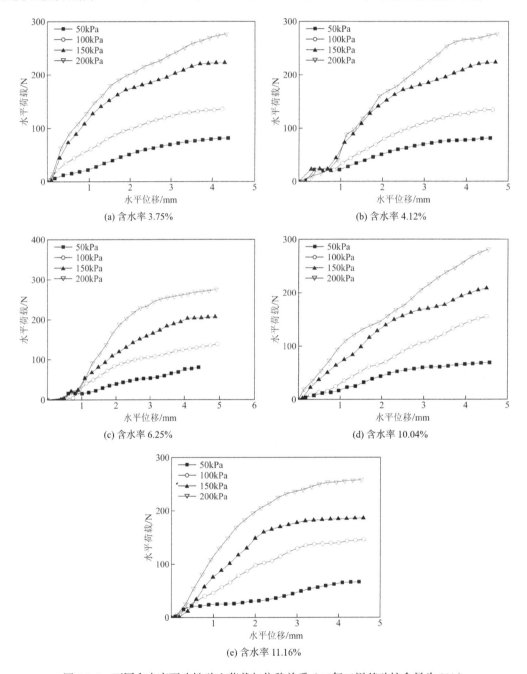

图 5.3-5　不同含水率下改性砂土荷载与位移关系（二氯二甲基硅烷含量为 2%）

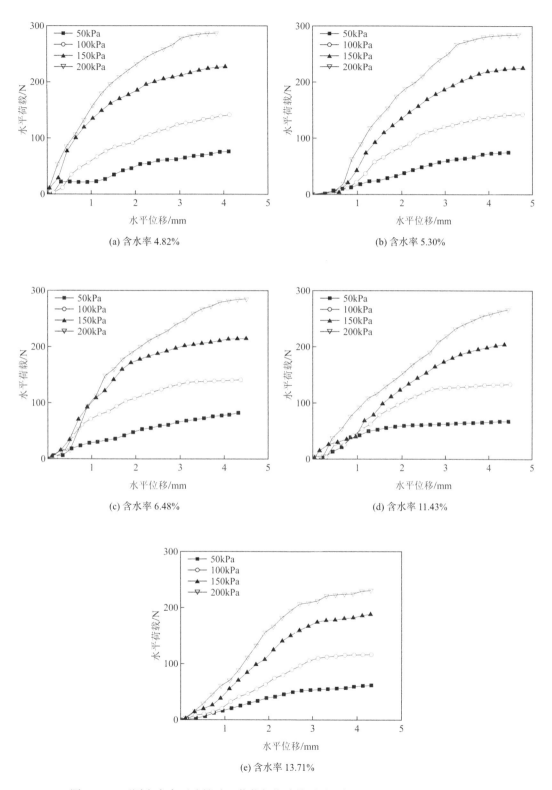

(a) 含水率 4.82%

(b) 含水率 5.30%

(c) 含水率 6.48%

(d) 含水率 11.43%

(e) 含水率 13.71%

图 5.3-6　不同含水率下改性砂土荷载与位移关系（二氯二甲基硅烷含量为 2.5%）

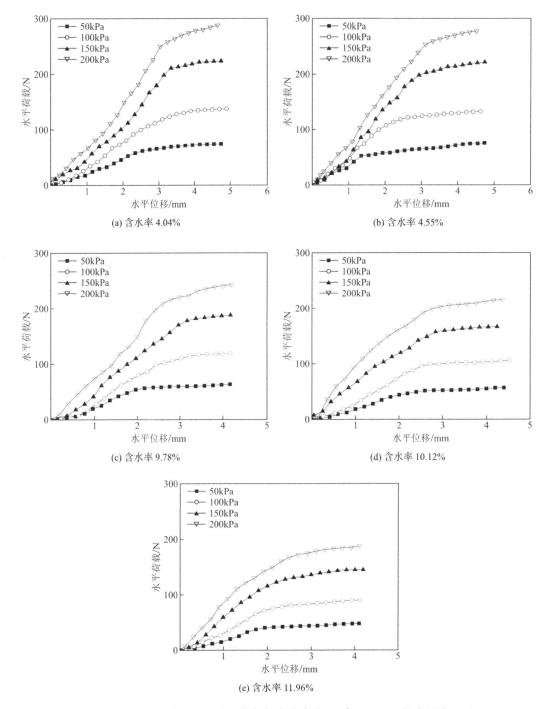

图 5.3-7 不同含水率下改性砂土荷载与位移关系（二氯二甲基硅烷含量为 3%）

图 5.3-8 为不同初始含水率下斥水砂土抗剪强度与法向应力关系。由图 5.3-8 可以看出，不同二氯二甲基硅烷含量的斥水砂土，其抗剪强度与法向应力均呈较好的线性关系。随着含水率的增大，二氯二甲基硅烷含量为 2% 时，试样抗剪强度与法向应力拟合直线斜率分别为 1.328、1.302、1.276、1.279 和 1.230，总体上呈下降趋势，降幅约 7%。当二氯二甲基硅

烷含量为 2.5% 时，抗剪强度与法向应力拟合直线斜率分别为 1.443、1.418、1.396、1.276 和
1.138，降幅约 21.1%。当二氯二甲基硅烷含量为 3% 时，抗剪强度与法向应力拟合直线斜率
分别为 1.402、1.366、1.204、1.072 和 0.938，降幅达 33.1%。

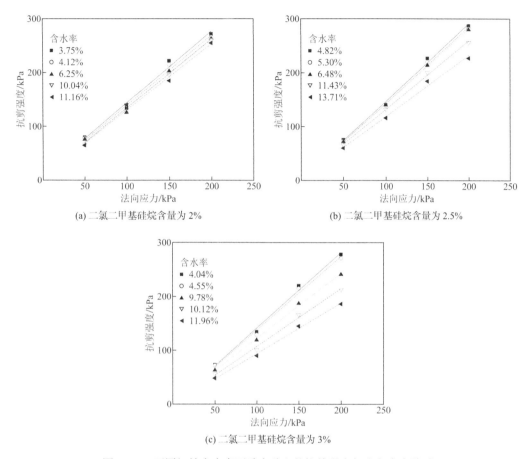

图 5.3-8　不同初始含水率下斥水砂土的抗剪强度与法向应力关系

　　根据上述分析，试验结果可采用摩尔库仑抗剪强度准则进行拟合，拟合后的黏聚力和
内摩擦角见图 5.3-9。黏聚力方面：随着含水率的增加，二氯二甲基硅烷含量为 2% 时，斥
水砂土黏聚力总体呈减小态势，最大值为 11kPa（含水率为 3.75%），最小值为 6kPa（含水
率为 10.04%）；二氯二甲基硅烷含量为 2.5% 时，斥水砂土的黏聚力有较明显的减小，最大
值为 4.5kPa（含水率为 13.71%），最小值为 1kPa（含水率为 5.3%）；二氯二甲基硅烷含量
为 3% 时，斥水砂土的黏聚力几乎为零，表明此时斥水砂土的黏聚性能基本消失，抗剪强度
主要由砂土颗粒表面的摩擦性能承担。内摩擦角方面：随着含水率的增加，二氯二甲基硅
烷含量为 2% 时，斥水砂土内摩擦角呈现微弱减小态势，最大值为 53°（含水率为 3.75%），
最小值为 50.9°（含水率为 11.16%），最大降幅约为 4%；二氯二甲基硅烷含量为 2.5% 时，
斥水砂土内摩擦角减小幅度有所增大，最大值为 55.3°（含水率为 4.82%），最小值为 48.7°
（含水率为 13.71%），最大降幅约为 11.9%；二氯二甲基硅烷含量为 3% 时，斥水砂土内摩
擦角减小幅度进一步增大，最大值为 54.5°（含水率为 4.04%），最小值为 43.2°（含水率为
11.96%），最大降幅约为 20.7%。这表明，斥水砂土在不同含水率条件下的抗剪强度亦有变

化。随着含水率的增加，斥水砂土的抗剪强度总体上呈减小趋势，部分试样在未完全饱和时黏聚力已为零（二氯二甲基硅烷含量3%、含水率10.12%和11.96%的试样）。总体上看，斥水砂土的含水率对其抗剪强度的影响要明显大于二氯二甲基硅烷的影响。

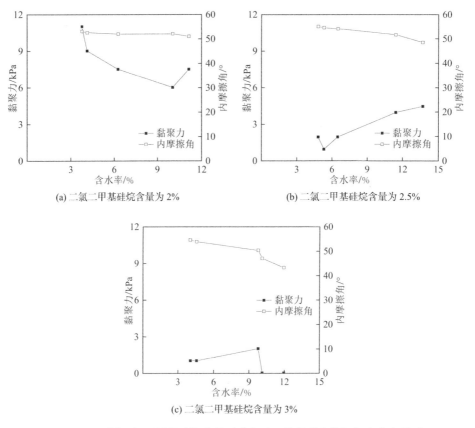

(a) 二氯二甲基硅烷含量为2%

(b) 二氯二甲基硅烷含量为2.5%

(c) 二氯二甲基硅烷含量为3%

图 5.3-9　不同二氯二甲基硅烷含量下斥水砂土抗剪强度指标与含水率关系

5.3.3　不同斥水度混合土

5.3.3.1　斥水度

斥水混合土的斥水度测定结果见图 5.3-10。可以看出，斥水度相同的改性砂土，随着亲水性红土含量的增加，其斥水度呈现不断下降的趋势。根据前述斥水等级划分标准，红土含量低于5%时的混合土，其斥水等级仍为极度，表明红土含量过少时对混合土的斥水性能影响不大。随着二氯二甲基硅烷含量的增大，红土含量的增加对混合土斥水度的影响并不是一开始就突显，而是当其超过某一阈值时，混合土的滴水入渗时间呈现"断崖式"下降态势。例如，二氯二甲基硅烷含量为2.5%、红土含量超过20%时的混合土斥水度迅速减弱，直至丧失斥水性。出现上述现象的主要原因有以下两点：（1）采用二氯二甲基硅烷改性后的干燥砂土，砂土表面具备典型的斥水特征。在此基础上，随着亲水性红土的不断增加，红土颗粒在斥水砂土表面附着的面积越来越大，宏观上亲水性逐渐增加，斥水性不断降低。（2）当亲水性红土含量达到一定值时，大部分斥水砂土表面受亲水性红土的影响而无法发挥斥水效果，在开展滴水穿透试验时，水分会被亲水性红土迅速吸附入渗，滴水穿透时间快速减小，最终导致其斥水度随红土含量关系曲线呈现"断崖式"下降态势。

此外，由图 5.3-10 可以看出，当二氯二甲基硅烷含量在 1%时，斥水砂土即具有极度斥水效果。二氯二甲基硅烷含量越高，斥水砂土斥水持续能力越久，亲水性红土含量越多才能使混合土的斥水性降低。当亲水性红土含量达到 30%后，无论二氯二甲基硅烷含量如何变化，混合土的滴水穿透时间基本为零，表明混合土的斥水度基本丧失。总体上看，二氯二甲基硅烷含量在 2%～3%之间、亲水性红土含量在 5%～20%之间的混合土均具备较好斥水效果，斥水等级可达到极度。

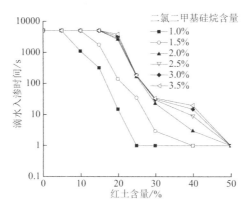

图 5.3-10　红土含量与滴水入渗时间关系

5.3.3.2　抗剪强度

图 5.3-11～图 5.3-13 分别为二氯二甲基硅烷含量为 2%、2.5%和 3%的斥水混合土，在不同红土含量条件下的荷载与位移关系曲线。可以看出，在不同二氯二甲基硅烷含量和红土含量下，随着剪切位移的增大，斥水混合土的荷载与位移曲线总体上均呈现应变硬化形态。

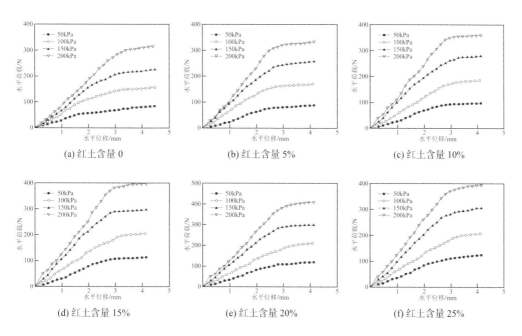

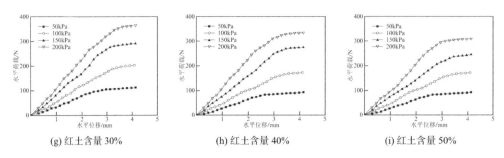

(g) 红土含量 30%　　(h) 红土含量 40%　　(i) 红土含量 50%

图 5.3-11　不同红土含量下混合土荷载与位移关系（二氯二甲基硅烷含量为 2%）

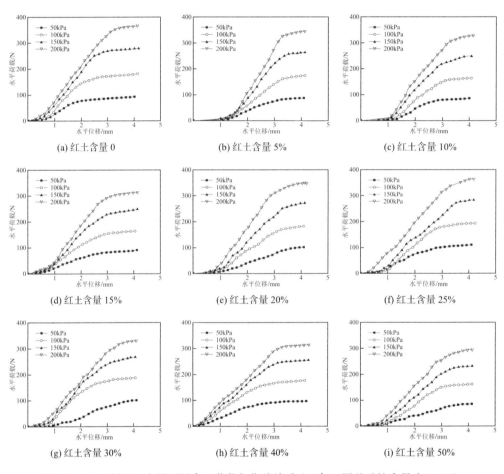

(a) 红土含量 0　　(b) 红土含量 5%　　(c) 红土含量 10%

(d) 红土含量 15%　　(e) 红土含量 20%　　(f) 红土含量 25%

(g) 红土含量 30%　　(h) 红土含量 40%　　(i) 红土含量 50%

图 5.3-12　不同红土含量下混合土荷载与位移关系（二氯二甲基硅烷含量为 2.5%）

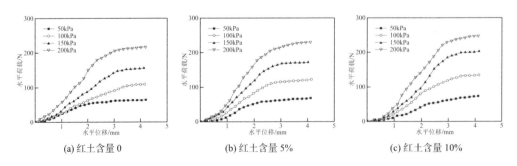

(a) 红土含量 0　　(b) 红土含量 5%　　(c) 红土含量 10%

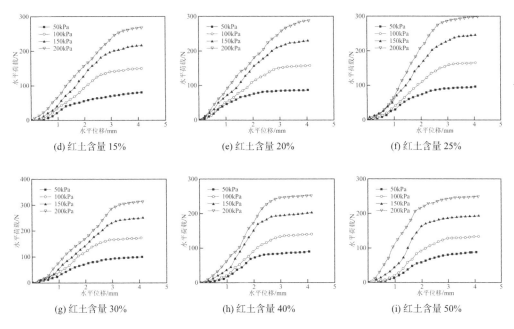

(d) 红土含量 15%　　　　(e) 红土含量 20%　　　　(f) 红土含量 25%

(g) 红土含量 30%　　　　(h) 红土含量 40%　　　　(i) 红土含量 50%

图 5.3-13　不同红土含量下混合土荷载与位移关系（二氯二甲基硅烷含量为 3%）

为了描述不同二氯二甲基硅烷含量下红土含量对混合土抗剪强度的影响，将混合土相应的抗剪强度与红土含量关系绘制于图 5.3-14 中。可以看出，随着红土含量的增大，相同法向应力条件下的斥水混合土峰值剪应力呈先增后减的态势。例如，当二氯二甲基硅烷含量为 2%、法向应力为 200kPa、红土含量逐渐增大时，各组斥水混合土的峰值剪应力分别为 310kPa、332kPa、361kPa、398kPa、410kPa、394kPa、365kPa、336kPa 和 311kPa，表现为单峰形态。其余法向应力作用下的峰值剪应力均呈上述变化规律。当红土含量较少时，对斥水砂土的斥水程度影响有限，这从斥水度的检测结果中可以得到进一步验证。此时混合土的抗剪强度主要是靠砂土颗粒之间的摩擦力来提供。由于砂土颗粒较粗，颗粒之间的摩擦面积相对较小，提供的摩擦性能提升有限。随着红土含量的增加，砂土颗粒之间的孔隙逐渐被细粒红土充填，摩擦面积不断增大；同时红土的掺入改变了砂土级配，细粒的红土在一定程度上有效地充填了砂土颗粒组成的孔隙，土体内部的咬合和摩擦效果得到增强，斥水砂土的级配朝着良好的趋势发展，红土含量越多，级配更良好，土体内部更密实。众所周知，相同条件下级配良好的土体，其抗剪强度要高于级配不良的土体，因此表现出混合土的抗剪强度随着红土含量的增大而增大。当红土含量达到一定值时，由于斥水砂土表面充填的红土颗粒越来越多，在剪切试验中削弱了砂土颗粒之间的摩擦作用，而红土颗粒带来的粘结作用并不十分明显，因而总体上导致混合土的抗剪强度逐渐减小。当亲水性红土含量超过 50% 时，混合土的抗剪性能逐渐趋近亲水性红土，此时斥水性对抗剪强度的影响基本忽略。二氯二甲基硅烷含量分别为 2%、2.5% 和 3% 时，不同法向应力下的抗剪强度分别出现在红土含量为 20%、25% 和 30% 时。这表明，红土对混合土抗剪强度的影响还会受二氯二甲基硅烷含量的影响。红土和二氯二甲基硅烷含量越高，混合土抗剪强度的峰值越容易达到。

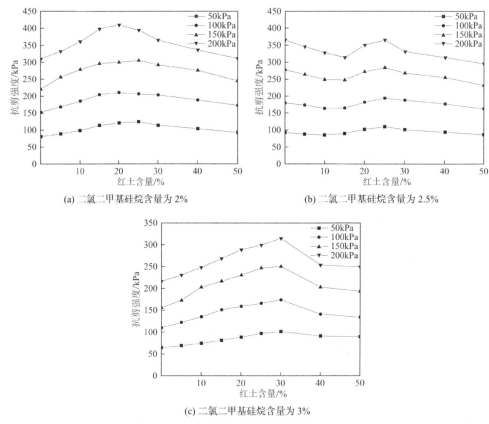

(a) 二氯二甲基硅烷含量为 2%
(b) 二氯二甲基硅烷含量为 2.5%

(c) 二氯二甲基硅烷含量为 3%

图 5.3-14 混合土抗剪强度与红土含量关系

图 5.3-15 为不同二氯二甲基硅烷含量下，混合土抗剪强度与法向应力关系曲线。结果表明，混合土的抗剪强度与法向应力关系总体上表现为线性特征，可用摩尔库仑强度理论进行线性拟合。与前述相同，试验获得的抗剪强度指标均为总应力强度指标。具体拟合结果见表 5.3-2，相应关系曲线见图 5.3-16。

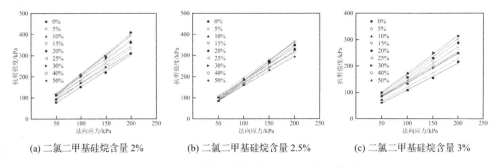

(a) 二氯二甲基硅烷含量 2%
(b) 二氯二甲基硅烷含量 2.5%
(c) 二氯二甲基硅烷含量 3%

图 5.3-15 混合土抗剪强度与法向应力关系

不同红土与二氯二甲基硅烷含量下混合土的抗剪强度指标 表 5.3-2

红土含量/%	二氯二甲基硅烷含量 2%		二氯二甲基硅烷含量 2.5%		二氯二甲基硅烷含量 3%	
	c/kPa	φ/°	c/kPa	φ/°	c/kPa	φ/°
0	1	56.59	0.5	61.32	9.5	45.29
5	6	58.63	2	59.94	13.5	47.04

红土含量/%	二氯二甲基硅烷含量 2%		二氯二甲基硅烷含量 2.5%		二氯二甲基硅烷含量 3%	
	c/kPa	φ/°	c/kPa	φ/°	c/kPa	φ/°
10	10	60.48	4	58.35	16	49.86
15	16	62.17	15.5	56.49	21	51.56
20	20	62.49	18	59.06	22	53.47
25	30	61.19	24.5	59.68	29	54.07
30	32	59.39	29.5	57.0	29.5	55.18
40	29	57.57	25.5	55.88	33.5	47.78
50	22.5	55.59	19.5	54.35	30	47.36

结果表明，随着红土含量的增加，混合土的黏聚力和内摩擦角均先增后减，其中黏聚力的变化幅度更为明显。（1）当二氯二甲基硅烷含量为 2%时，亲水性红土含量逐渐增大时，其黏聚力由 1kPa（0）增至 32kPa（30%）后降至 22.5kPa（50%），内摩擦角由 56.59°（0）增至 62.49°（20%）后降至 55.59°（50%）。（2）当二氯二甲基硅烷含量为 2.5%时，其黏聚力由 0.5kPa（0）增至 29.5kPa（30%）后降至 19.5kPa（50%），内摩擦角总体上由 61.32°（0）降至 54.35°（50%）。（3）当二氯二甲基硅烷含量为 3%时，其黏聚力由 9.5kPa（0）增至 33.5kPa（40%）后降至 30kPa（50%），内摩擦角总体上由 45.29°（0）增至 55.18°（30%）降至 47.36°（50%）。

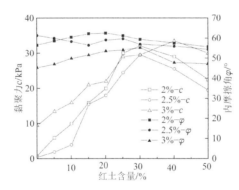

图 5.3-16　不同二氯二甲基硅烷含量下混合土抗剪强度指标与含土量关系

综上所述，虽然亲水性红土的掺入在一定程度上降低了斥水砂土的斥水性能，但是同时改善了斥水砂土的级配，导致混合土的压缩性减小、密实度增大、抗剪强度指标有所提升，可作为工程中同时满足防渗和强度要求的优良材料，有广泛的工程应用前景。但红土掺入量不宜过大，否则会大大降低混合土的斥水性，且工程造价会明显增大，经济性较差。就本书研究成果而言，亲水性红土含量在 25%时，混合土的工程性能较佳。

5.4　本章小结

本章采用非饱和土直剪仪开展了干燥斥水砂土、不同含水率的斥水砂土及混合土的直剪试验，获得了斥水剂含量、含水率及亲水性红土含量对相应土体抗剪强度的影响。主要结论如下：

（1）随着二氯二甲基硅烷含量的增大，干燥斥水砂土的抗剪强度逐渐减小，且二氯二甲基硅烷含量越高，抗剪强度减小幅度越大。普通砂土在二氯二甲基硅烷的作用下，砂土颗粒表面覆盖了一层薄薄的斥水剂，使其性质发生显著变化，表面能迅速降低，使其由亲水性砂土变为斥水性砂土，砂土颗粒表面摩擦性能明显降低。当砂土颗粒表面基本被二氯二甲基硅烷覆盖后，斥水剂含量的增加对砂土摩擦性能的影响基本保持不变。

（2）对于不同含水率的斥水砂土，在黏聚力方面：随着含水率的增加，二氯二甲基硅烷含量为2%时，斥水砂土黏聚力总体呈减小态势，最大值为11kPa（含水率为3.75%），最小值为6kPa（含水率为10.04%）；二氯二甲基硅烷含量为2.5%时，斥水砂土的黏聚力有较明显的减小，最大值为4.5kPa（含水率为13.71%），最小值为1kPa（含水率为5.3%）；二氯二甲基硅烷含量为3%时，斥水砂土的黏聚力几乎为零，表明此时斥水砂土的黏聚性能基本消失，抗剪强度主要由砂土颗粒表面的摩擦性能承担。内摩擦角方面：随着含水率的增加，二氯二甲基硅烷含量为2%时，斥水砂土内摩擦角呈现微弱减小态势，最大值为53°（含水率为3.75%），最小值为50.9°（含水率为11.16%），最大降幅约为4%；二氯二甲基硅烷含量为2.5%时，斥水砂土内摩擦角减小幅度有所增大，最大值为55.3°（含水率为4.82%），最小值为48.7°（含水率为13.71%），最大降幅约为11.9%；二氯二甲基硅烷含量为3%时，斥水砂土内摩擦角减小幅度进一步增大，最大值为54.5°（含水率为4.04%），最小值为43.2°（含水率为11.96%），最大降幅约为20.7%。

（3）随着红土含量的增加，混合土的黏聚力和内摩擦角均先增后减，其中黏聚力的变化幅度更为明显。虽然亲水性红土的掺入在一定程度上降低了斥水砂土的斥水性能，但是同时改善了斥水砂土的级配，导致混合土的压缩性减小、密实度增大、抗剪强度指标有所提升，可作为工程中同时满足防渗和强度要求的优良材料，有广泛的工程应用前景。但红土掺入量不宜过大，否则会大大降低混合土的斥水性，且工程造价会明显增大，经济性较差。就本书研究成果而言，亲水性红土含量在25%时，混合土的工程性能较佳。

参考文献

[1]　葛勇，常传利，杨文萃，等. 常用无机盐对溶液表面张力及混凝土性能的影响[J]. 混凝土，2007(3): 7-9.

[2]　马东梅，梁鸿，高明星. 砂-黏土抗剪强度的三轴试验研究[J]. 黑龙江交通科技，2016, 39(1): 1-4.

[3]　高金翎. 砂土抗剪强度的主要影响因素及其研究现状分析[J]. 科教文汇（下旬刊），2013(11): 110-115+122.

[4]　Martinez B C, Dejong J T, Ginn T R. Bio-geochemical reactive transport modeling modeling of microbial induced calcite precipitation to predict the treatment of sand in one-dimensional flow[J]. Computers&Geotechnics, 2014, 58(5): 1-13.

[5]　韩琳琳，谭龙，蒋小权. ISS改性强膨胀土胀缩和强度特性试验研究[J]. 人民黄河，2015, 37(6): 126-130.

[6]　王海东，高昌德，刘方成. 含水率对非饱和砂土力学特性影响的试验研究[J]. 湖南大学学报(自然科学版)，2015, 42(1): 90-96.

[7]　慕青松, 马崇武, 苗天德. 低含水率非饱和砂土抗剪强度研究[J]. 岩土工程学报, 2004(5): 674-678.

[8]　许朝阳, 张莉. 生物改性对粉土工程性质影响的研究[J]. 工业建筑, 2009, 39(3): 60-63.

[9]　许朝阳, 张莉, 周健. 微生物改性对粉土某些特性的影响[J]. 土木建筑与环境工程, 2009, 31(2): 80-84.

[10]　Harkes M P, van Paassen L A, Booster J L, et al. Fixation and distribution of bacterial activity in sand to induce carbonate precipitation for ground reinforcement[J]. Ecological Engineering, 2010, 36(2): 112-117.

第6章

膨胀土斥水化及其工程性质试验研究

在前述章节中，重点开展了砂土和红土的斥水化机理分析及相关性质试验研究。近年来，国家加大了对土木、交通等工程领域的建设力度，三峡工程、西气东输、南水北调、青藏铁路、京沪高铁、港珠澳大桥等一大批重大项目建设顺利完成并投入使用。项目建设过程中，经常会遇到具有不同特殊性质的土壤。其中，膨胀土作为一种特殊土普遍存在于自然环境中，常以非饱和状态存在，因此诸多学者采用非饱和土的相关理论对膨胀土开展研究并取得较多成果。然而，由于膨胀土具有高分散、高塑性、富含蒙脱石等强亲水性黏土矿物的特征，使其比一般亲水性土体更具有特殊性，其工程性质更为复杂，水的反复作用导致膨胀土工程性质迅速恶化，使得膨胀土地区工程长期遭受严重破坏，造成巨大经济损失和人员伤亡。20 世纪 60 年代，Ring 首次就土壤的收缩膨胀问题展开研究，研究得到了膨胀土具有吸水膨胀、失水收缩等特性。Skogerboe 认为 pH 值、盐以及肥料等对膨胀土性质有重要影响。Koyluoglu 等发现膨胀土的胀缩性主要是由外界水分进入矿物晶格内部所导致的。Ramana 等对膨胀土问题在基础和路面工程中进行了系统总结，发现目前采取的措施并未能真正解决膨胀土工程问题，每年造成的损失仍达数十亿美元。我国在成渝铁路的修建工程中就穿越了大量的膨胀土地区，对工程建设造成了很大影响。当时国内外对膨胀土的研究主要集中在分类、变形特性和试验方法等方面，但在其力学性能以及影响因素方面的研究并不多见。据不完全统计，我国膨胀土分布之广、面积之大在世界上都是屈指可数，每年因膨胀土问题给公路以及铁路建设造成了巨大损失，这也给我国经济可持续发展带来了巨大挑战。随着我国"一带一路"倡议的逐步实施，诸多膨胀土地区会遇到地质、气候等问题，不可避免地会遇到各种工程安全问题，如边坡失稳、管涌、地面变形、地面沉降等。目前研究表明，膨胀土工程问题的发生大多与水的作用密不可分。蒙脱石等强亲水性黏土矿物是组成膨胀土的主要矿物成分，其水敏性十分明显，少量水分的改变即会对膨胀土性质产生较大影响。因此如何控制水对膨胀土的影响，是解决膨胀土工程问题的主要措施之一。现有工程措施基本上还是从外部阻渗、内部排水、表面防水等方面入手，膨胀土既有属性并未有效加以改善。如果能够从本质上将水对膨胀土的影响减小至最低，使膨胀土由强亲水性变成斥水性，那么膨胀土的工程问题将得到有效控制，也为我国传统防渗工程提供新的处理思路和方法。基于上述研究背景和现有研究成果，如果能对膨胀土进行斥水化处理，使其膨胀性减弱并增加斥水性，那么由水分变化引起的胀缩变形问题可完全避免，同时还能将膨胀土作为一种新型防渗材料的基土，使其从"问题土"变成"资源土"。因此，开展斥水性膨胀土的斥水化研究工作，不但能够有效解决膨胀土工程问题，还能够更大化地将其合理利用，具有重要的经济效益和工程意义，符合当今世界可持续发展的理念，为斥水性膨胀土研究应用提供理论科学依据，具有重大的工程意义和社会效益。

综上所述，本章首先介绍了十八烷基伯胺斥水化膨胀土的制备流程，在此基础上分别对斥水化膨胀土的水理性质和力学性质展开了深入研究，为膨胀土工程问题的解决提供新的思路和研究基础。

6.1　膨胀土研究现状

膨胀土分布广泛，世界六大洲的四十多个国家都有分布。从 20 世纪 60 年代开始，随着全球大规模经济建设的开展，越来越多的膨胀土问题涌现出来，由膨胀土产生的一系列问题受到广泛重视。到目前为止，已召开过七届国际膨胀土研究与工程会议，分别在南非（1957）、美国（1969）、以色列（1973）、美国（1980）、澳大利亚（1984）、印度（1987）和美国（1992）举办。目前，包括英、美、日、俄、澳、印等在内的许多国家都制定了膨胀土地区建设的相关规范，膨胀土对工程的危害已得到全世界的公认。随着土力学的发展，特别是以弗雷德隆德为代表的非饱和土理论提出来之后，人们用其解释了许多膨胀土现象，揭示了一些规律。同黄土、残积土类似，膨胀土也是一种典型的非饱和土，关于膨胀土问题的研究被归入非饱和土的研究领域，因此在第七届膨胀土国际会议以后，不再单独有膨胀土国际会议，取而代之的是国际非饱和土会议。目前关于膨胀土的改良方式主要有以下三种：物理、化学和生物改良。物理改良是将外添剂掺入膨胀土中，通过改善膨胀土级配和结构等来达到改良目的。化学改良是将外添剂掺入膨胀土中，所不同的是外添剂会与膨胀土中的黏土矿物发生化学反应，生成的物质会改善原有膨胀土的性能。生物改良是将微生物掺入膨胀土中，通过微生物的代谢物质来改善膨胀土的原有性能。Bell 等采用石灰来处理膨胀土，结果表明石灰的掺入可提高膨胀土的抗剪强度，工程性质有明显改善。Chen 等提出用升沉预测的方法来处理相关膨胀土工程问题，效果良好。Zalihe 等将粉煤灰与石灰一起添加到膨胀土中，发现改良后的膨胀土出现了明显的膨胀电位降低和水力传导率的增加，比单独添加粉煤灰或石灰的效果更好。Zalihe 对 C 类粉煤灰作为膨胀土外添剂的功效开展了系列研究，发现亚烟煤燃烧中产生的粉煤灰具有自黏特性，粉煤灰的掺入可有效降低膨胀土的膨胀潜力和塑性指数，可用于改良膨胀土的工程性质。Hewayde 研究了石灰与膨胀土的最佳配比，认为配比为 6% 时的膨胀势减小了 33%。若同时采用加筋技术，则膨胀势减小了 69%。Seco 发现稻壳粉煤灰在稳定土壤性质方面非常有效，尤其是针对膨胀土的改良效果较好。Rizgar 将废玻璃粉压碎并与膨胀土按不同比例混合后进行测试，发现废玻璃粉对膨胀土的抗剪强度有重大影响。当废玻璃粉含量为 15% 时，在抗剪强度不影响的前提下，其厚度可减少约 63%。化学改良方法是向土壤中添加一些表面活性剂等化学试剂，通过发生一系列化学反应或者表面活性剂来处理土壤表面，改善土壤水分和土颗粒之间的相互作用，从而达到改善膨胀土的工程性能。研究表明，化学改良方法是十分有效且应用最广泛的一种改良方式。Abdullah 提出用阳离子技术来改良膨胀土，发现使用钾离子和钙离子均能降低膨胀土的可塑性。钙离子改良的膨胀土的塑性指数从 40 降至 32，而钾离子改良的膨胀土的塑性指数降至 8。内摩擦角从 24° 增加到钙离子处理后的 31°，以及钾离子处理后的 36°，均有明显提高。Charles 提出用石灰和硅酸盐水泥两种试剂混合来改良膨胀土。当先用石灰后掺入水泥至膨胀土中时，其无侧限抗压强度得到了显著改善。Manisha 提出使用 RBI 81 级稳定剂来改善膨胀土，发现处理后的膨胀土膨胀势显著降低，抗剪强度明显增大。Estabragh 提出通过机械和化学联合法来处理膨胀土，发现通过添加纤维可以降低膨胀势、膨胀压力和溶胀潜力。Dennis 提出使用木质素磺酸盐来控制膨胀土的膨胀势，发现木质素磺酸盐对膨胀土的溶胀行为有显著影响且经济环保，可用作膨胀土的新型非传统稳定剂。生物改良方法是将微生物加入到土壤中进行培养，微生物的分泌物会附着在土壤表面，从而降低土壤表面亲水性，使其具有斥水性，从而达到改良膨胀土的效果。微生物改性具有可再生、无污染、生态环保等特点，所以成为众多科研人员的热点研究方向。但目前研究成果主要集中在土壤农业等领域，在土木、水利工程中的应用鲜见报道，因此应用前景和空间良好。

总体上看，化学改良方法是目前原理清晰可靠、应用成熟广泛的方法，是用于改良各类不良土壤的首选方法。

6.2 斥水膨胀土物理性质

6.2.1 试验前准备

试验所用膨胀土基本参数为：相对密度 2.71，最大干密度 1.56g/cm³，最优含水率 27.5%，液限 63.5%，塑限 30.8%，塑性指数 32.7，自由膨胀率 52%。根据现行《膨胀土地区建筑技术规范》GB 50112，该膨胀土定义为弱膨胀土。采用激光粒度分布仪（BT-9300Z 型）测定其颗粒级配曲线，如图 6.2-1 所示。其中粒径 < 0.002mm 颗粒占总颗粒比为 6.72%、粒径 0.002~0.02mm 颗粒占比为 56.32%、粒径 0.02~2mm 颗粒占比为 36.96%。斥水剂仍采用十八烷基伯胺。

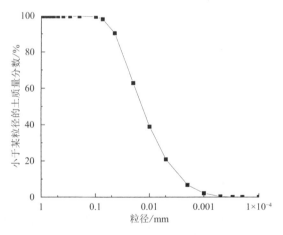

图 6.2-1　粒径级配曲线

将十八烷基伯胺与膨胀土按照 0、0.2%、0.3%、0.5% 和 0.8%（0.8% 即十八烷基伯胺∶膨胀土 = 8g∶1000g）共 5 组不同比例进行斥水化处理。斥水化过程与红土改性基本一致，首先将十八烷基伯胺与膨胀土按照上述比例进行加水搅拌，添加水量至超过膨胀土液限后搅拌均匀置于烘箱内，烘箱温度不高于 80℃，定期搅拌后至干燥结块后取出。随后将其碾碎过 2mm 筛，即可得到斥水化膨胀土。图 6.2-2 为膨胀土斥水化前后斥水效果对比，可以看出斥水化效果十分明显，水滴呈浑圆状立于土壤表面。

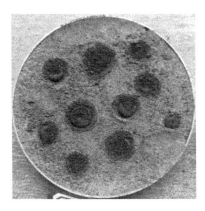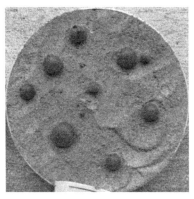

图 6.2-2　亲水膨胀土（左）与斥水膨胀土（右，0.6%十八烷基伯胺含量）

在此基础上，分别开展了斥水膨胀土的临界含水率、界限含水率、接触角、最大干密度、颗粒组分及膨胀率等物理性质基本试验，以获得膨胀土基本物理性质在斥水化前后的变化规律。临界含水率试验采用滴水穿透时间法进行测定，界限含水率、最大干密度、颗粒组分和膨胀率试验参照现行《土工试验方法标准》GB/T 50123 进行测定，接触角试验采用接触角测定仪进行测定。试验方案见下述各小节。

6.2.2　临界含水率

为探究不同十八烷基伯胺含量质量分数、初始含水率对斥水膨胀土斥水程度的影响，采用滴水穿透时间法按照表 6.2-1 进行斥水膨胀土斥水等级的测定。试验所需仪器与前述章节中斥水性测定过程的仪器完全一致。部分试样的斥水效果见图 6.2-3。

临界含水率试验方案　　　　　　　　　　表 6.2-1

	质量比（十八烷基伯胺：膨胀土）			
	---	---	---	---
	0.2%	0.3%	0.5%	0.8%
初始含水率/%	0	0	0	0
	3.47	4.85	2.55	2.83
	8.84	7.40	7.68	5.82
	13.53	11.73	12.28	7.88
	15.57	14.20	16.46	10.97
	16.29	16.28	18.35	12.51
	20.27	18.17	22.28	12.55
	21.85	19.95	23.87	15.54
	22.46	22.61	24.48	18.84
	23.47	25.37	26.55	23.61
	23.54	27.75	28.96	28.82
	23.94	28.00	29.34	30.19
	24.27	29.43	31.00	30.92
	28.63	31.39	31.99	31.37
	29.66	31.07	32.23	33.33
	30.81	31.36	32.60	33.72

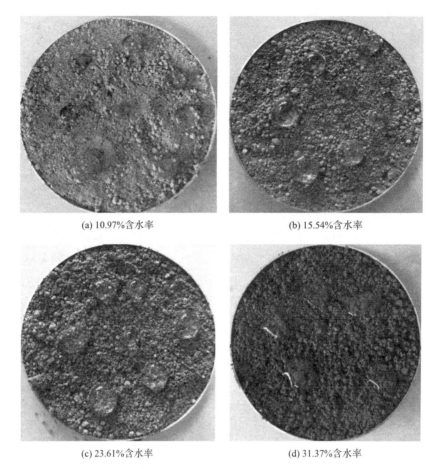

(a) 10.97%含水率   (b) 15.54%含水率

(c) 23.61%含水率   (d) 31.37%含水率

图 6.2-3 不同初始含水率下斥水膨胀土斥水效果（十八烷基伯胺含量为 0.8%）

表 6.2-2 为干燥状态下的斥水膨胀土斥水性检测结果。可以看出：干燥状态下，随着十八烷基伯胺含量的增加，斥水膨胀土的滴水穿透时间越长，相应的斥水等级越高。当十八烷基伯胺含量较少时，大部分土颗粒表面未被斥水剂覆盖，其依旧表现为亲水状态，斥水性提升不明显。随着十八烷基伯胺含量的增加，土颗粒表面被斥水剂覆盖的范围逐渐增大，宏观上斥水膨胀土的斥水程度显著提升，最终达到极度斥水等级。干燥状态下的斥水膨胀土斥水程度与十八烷基伯胺的含量呈正相关，膨胀土颗粒表面与十八烷基伯胺接触面积越大，斥水程度越高，抗渗能力越好，更有利于工程防渗。

斥水膨胀土斥水性检测结果（干燥状态）   表 6.2-2

十八烷基伯胺含量/%	滴水穿透时间/s	斥水等级
0	0	无
0.2	18	轻微
0.3	67	中等
0.5	2853	严重
0.8	4028	极度

图 6.2-4 为不同十八烷基伯胺含量的斥水膨胀土，其滴水穿透时间与初始含水率关系曲线及相应的斥水等级。可以看出，斥水膨胀土的初始含水率对膨胀土的斥水性有一定影响。不同十八烷基伯胺含量的膨胀土滴水穿透时间随含水率的增加先升后降，当含水率超过一定值时，斥水膨胀土的斥水性骤降直至消失。具体表现为：（1）当十八烷基伯胺含量为 0.2% 时，含水率从 0 增至 23.94%，斥水等级由轻微变成中等；当含水率超过 23.94% 时，斥水性急剧下降，最终斥水等级降至无，试样表现出完全亲水性。（2）当十八烷基伯胺含量为 0.3% 时，含水率从 0 增至 25.37%，斥水等级由中等变为严重；当含水率超过 25.37% 后，斥水性急剧下降，下降幅度与 0.2% 的基本一致；当含水率达到 31.07% 时，试样斥水性消失。（3）当十八烷基伯胺含量为 0.5% 时，含水率从 0 增至 26.55%，斥水等级由严重变为极度，斥水性非常良好；当含水率超过 26.55% 后，斥水性急剧下降，当含水率为 31.99% 时，试样斥水性亦完全消失。（4）当十八烷基伯胺含量为 0.8% 时，干燥状态下的斥水膨胀土已达到极度斥水等级；随着含水率增加到 28.82%，试样斥水等级依旧表现为极度；当含水率超过 28.82% 时，斥水性迅速降低，当含水率增加到 33.33% 时，试样斥水性最终完全消失。这一结果与普通斥水土壤的变化规律是相似的。

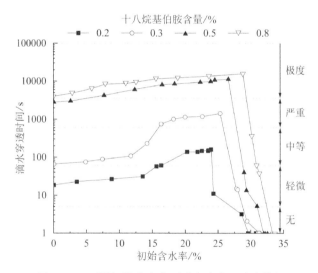

图 6.2-4　不同初始含水率下斥水膨胀土斥水等级

从图 6.2-4 中还可以看出，不同十八烷基伯胺含量的斥水膨胀土随初始含水率的变化规律是不同的。十八烷基伯胺含量为 0.2% 和 0.3% 时，滴水穿透时间随初始含水率变化主要有三个阶段：（1）平稳增长；（2）加速增长；（3）急剧下降。两者变化曲线几乎相同。当十八烷基伯胺含量为 0.5% 和 0.8% 时，滴水穿透时间随初始含水率变化主要有两个阶段：（1）平稳增长；（2）急剧下降。两者变化曲线几乎相同。变化曲线呈 "Λ" 形分布。当初始含水率超过一定值时，斥水膨胀土的斥水程度将会出现急剧下降，此含水率称为 "坡峰含水率"；当含水率达到一定值时，斥水性完全消失，此含水率称为 "极限含水率"；而由某一斥水等级突变至另一斥水等级时的含水率称为 "坡底含水率"。这三类含水率统称为临界含水率。临界含水率的确定可为斥水膨胀土斥水程度的变化规律提供有效量化，对工程应用具有重大意义。根据图 6.2-4 可知十八烷基伯胺含量为 0.2% 时，其坡底含水率为 16.29%，坡峰含水率为 24.11%，极限含水率为 28.63%；十八烷基伯胺含量为 0.3%时，坡底含水率为 15.24%，坡峰含水率为 26.56%，极限含水率为 29.43%；十八烷基伯胺含量为 0.5%时，坡底含水率为 5.12%，坡峰含水率为 27.76%，极限含水率为 31.99%；十八烷基伯胺含量为 0.8%时，坡底含水率为 0，坡峰含水率为 29.51%，极限含水率为 33.33%。临界含水率与十八烷基伯胺含量密切相关，随着十八烷基伯胺含量的增大，"极限含水率"和"坡峰含水率"逐渐增大，"坡底含水率"逐渐减小，斥水影响范围不断扩大。

斥水膨胀土的临界含水率与十八烷基伯胺含量关系如图 6.2-5 所示。为了更好地描述临界含水率的意义，将"坡峰含水率"与"坡底含水率"之间的范围认定为"第一区域"，将"极限含水率"与"坡峰含水率"之间的范围认定为"第二区域"，以及其他区域。若斥水膨胀土的含水率和十八烷基伯胺含量同时位于第一区域内，此时膨胀土的斥水性较为明显，越接近于该区域的核心位置，斥水性越好。若膨胀土的含水率和十八烷基伯胺含量同时位于第二区域内，斥水性会显著降低。在这两者之外的区域则无斥水性。就本试验而言，当十八烷基伯胺含量为 0.8%、初始含水率低于 29%时，斥水膨胀土的斥水效果和长期稳定性最佳。

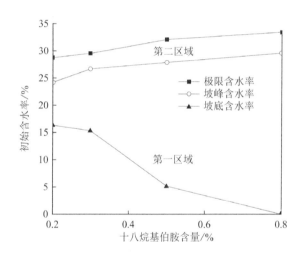

图 6.2-5　斥水膨胀土的临界含水率与十八烷基伯胺含量关系

6.2.3　接触角

试验仪器与过程见第 2 章相关章节。不同十八烷基伯胺含量的斥水膨胀土接触角的部分测定过程见图 6.2-6，接触角数据见表 6.2-3 和图 6.2-7。可以看出，斥水膨胀土的接触角随十八烷基伯胺含量的增加呈线性增大关系。拟合后的直线斜率为 27.29，截距为 53.55，相关系数为 0.98，拟合精度高。具体表现在：纯膨胀土的接触角为 53.251°，为亲水状态；当十八烷基伯胺含量为 0.2%时，接触角为 58.713°，相比于纯膨胀土而言增大了 5.5°，亲水性有所降低；当十八烷基伯胺含量为 0.3%时，接触角为 63.294°，相比于纯膨胀土而言增长了 10°，表现出亚亲水性；当十八烷基伯胺含量为 0.5%时，接触角为 65.975°，相比于纯膨胀土而言增长了 12.7°，表现出亚斥水性；当十八烷基伯胺含量为 0.8%时，接触角为 75.632°，相比纯膨胀土而言增长了 20.4°，表现出亚斥水性。

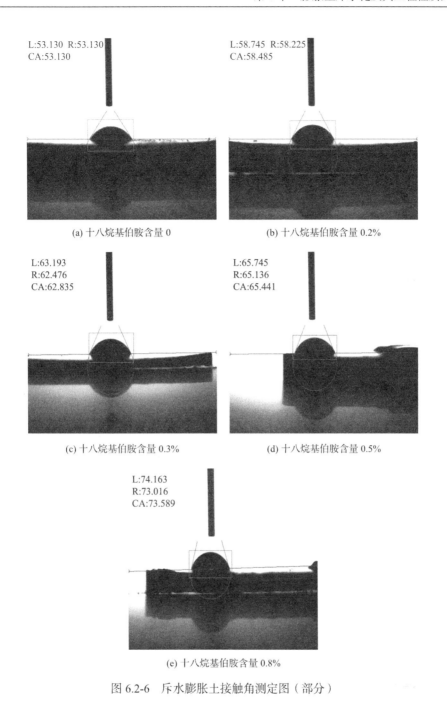

图 6.2-6　斥水膨胀土接触角测定图（部分）

斥水膨胀土接触角测定结果　　　　　　　　　　表 6.2-3

十八烷基伯胺含量/%	接触角/°		
	第一次	第二次	平均值
0	53.130	53.372	53.251
0.2	58.485	58.941	58.713
0.3	62.835	63.752	63.294

十八烷基伯胺含量/%	接触角/°		
	第一次	第二次	平均值
0.5	65.441	66.509	65.975
0.8	73.589	77.674	75.632

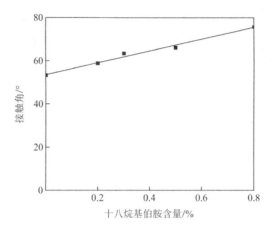

图 6.2-7　不同十八烷基伯胺含量与接触角关系

斥水膨胀土的接触角增大主要原因在于：随着十八烷基伯胺掺入膨胀土中，部分土颗粒被其所包裹，水无法有效进入土颗粒间隙及黏土矿物内部，减小了水与土壤的润湿面积，导致亲水性降低，斥水性增大，水滴在土壤表面的形态越浑圆。十八烷基伯胺含量越高，接触角不断增大，其阻止水分入渗效果越明显。就本试验而言，试验测定接触角为土壤的宏观接触角。当十八烷基伯胺含量为 0.8%时，接触角为 75.632°，小于 90°，所谓的斥水膨胀土并没有完全达到斥水性材料的要求，主要是十八烷基伯胺含量相对来说还是不大，大部分膨胀土颗粒表面仍是强亲水状态，同时试验过程中的检测位置、制样均匀程度等均会对试验结果造成影响，导致试验结果存在一定差异。但总体而言，十八烷基伯胺的添加会降低膨胀土的强亲水性，对膨胀土性质的改良仍具有重要意义。

6.2.4　颗粒组成

土的颗粒组成在一定程度上反映了土的工程性质。本试验采用丹东百特仪器有限公司生产的 BT-9300Z 型激光粒度分布仪测定斥水膨胀土的粒径分布曲线。该激光粒度分布仪采用全自动一体化设计，操作方法简便，结果准确度高，适用于各种无机非金属散体材料的粒径测定。首先将试样进行颗粒分散，使其充分悬浮在液体中；然后按照仪器操作步骤将悬浮液体置于粒度分布仪中进行粒径的测定，最终得到相应的粒径分布曲线。具体的操作过程可参见相关说明书。

不同十八烷基伯胺含量下的斥水膨胀土粒径分布曲线见图 6.2-8。可以看出，不同十八烷基伯胺含量下的斥水膨胀土粒径分布曲线几乎一致，主要是因为十八烷基伯胺是附着在土壤颗粒表面，并没有显著改变土壤颗粒的尺寸和结构，而且其含量相对较少，因此粒径分布曲线没有大的变化。

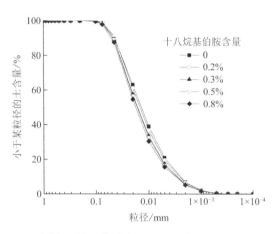

图 6.2-8　不同十八烷基伯胺含量下的斥水膨胀土粒径分布曲线

该激光粒度分布仪还具有另一个重要功能，可以测定土壤颗粒的平均比表面积。比表面积是直接反映黏土颗粒与周围介质（特别是水）相互作用的量化指标之一，试验结果见表 6.2-4 和图 6.2-9。膨胀土颗粒的带电性均出现在颗粒表层。可以看出，随着十八烷基伯胺含量的增加，土壤颗粒比表面积逐渐减小，表明土壤颗粒与水的接触程度有所降低。就本试验而言，当十八烷基伯胺含量为 0.8%时，比表面积相比于纯膨胀土降低了 60m²/g，进一步验证了十八烷基伯胺是有助于提升膨胀土斥水效果的。

不同十八烷基伯胺含量下的斥水膨胀土比表面积　　　　表 6.2-4

十八烷基伯胺含量/%	比表面积/（m²/g）
0	358.4
0.2	346.5
0.3	328.7
0.5	315.2
0.8	297.2

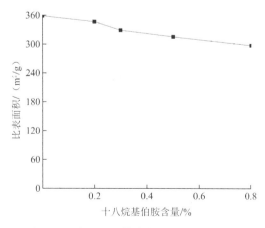

图 6.2-9　十八烷基伯胺含量与比表面积关系

6.2.5 界限含水率

图 6.2-10 为不同十八烷基伯胺含量下的斥水膨胀土液、塑限以及塑性指数变化规律。由图 6.2-10（a）中可以看出，斥水膨胀土的液限随着十八烷基伯胺含量的增大而减小，两者呈负相关。具体表现为：纯膨胀土的液限为 63.55%；十八烷基伯胺含量为 0.2% 时，液限为 59.39%；十八烷基伯胺含量为 0.3% 时，液限为 58.07%；十八烷基伯胺含量为 0.5% 时，液限为 57.34%；当十八烷基伯胺含量增至 0.8% 时，液限为 56.39%，比纯膨胀土的液限减小了 7.16%。根据土的分类标准，上述膨胀土的液限均大于 50%，属于高液限黏土，但有减弱趋势。与之相反，斥水膨胀土的塑限随着十八烷基伯胺含量的增加而减小，两者呈正相关。具体表现为：纯膨胀土的塑限为 30.88%；当十八烷基伯胺含量为 0.2% 时，塑限增加到 33.05%；当十八烷基伯胺含量增加到 0.3% 和 0.5% 时，其塑限分别增加到 35.64% 和 35.75%；当十八烷基伯胺含量增至 0.8% 时，其塑限增至 36.5%，比纯膨胀土的塑限增加了 5.62%。

不同十八烷基伯胺含量下的斥水膨胀土塑性指数变化规律见图 6.2-10（b）。可以看出，当十八烷基伯胺含量从 0 增至 0.8% 时，斥水膨胀土的塑性指数从 32.66 降至 19.89，降幅达 39.10%，表明随着十八烷基伯胺含量的增加，斥水膨胀土的可塑性逐渐降低，斥水膨胀土的工程性质有明显改善。在现行《公路路基设计规范》JTG D30 中，液限高于 50% 以及塑性指数高于 26 的土壤是不能在路基中直接使用的。就本试验而言，随着十八烷基伯胺含量的增大，其液限逐渐降低，当十八烷基伯胺含量为 0.8% 时，其塑性指数降至 19.89，是符合路基工程用土标准的。这大大改善了膨胀土的工程性质，具备应用于工程实际的可行性，为相关膨胀土地区设计提供了新的思路和研究基础。

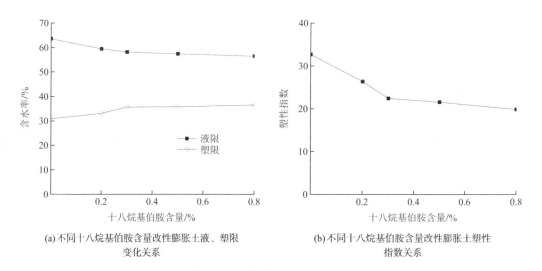

(a) 不同十八烷基伯胺含量改性膨胀土液、塑限
变化关系

(b) 不同十八烷基伯胺含量改性膨胀土塑性
指数关系

图 6.2-10　界限含水率试验结果

6.2.6 最大干密度

为了研究不同十八烷基伯胺含量对改性膨胀土最大干密度及最优含水率的影响，根据现行《土工试验方法标准》GB/T 50123 对 5 种不同十八烷基伯胺含量改性膨胀土进行了轻型击实试验研究。轻型击实试验主要适用于粒径小于 5mm 的土，适用于边坡、堤防等工

程；重型击实试验主要适用于粒径不大于 20mm 的土，主要适用于高速公路、强夯地基等工程。据此，本试验采用轻型击实仪对不同十八烷基伯胺含量改性膨胀土开展了击实试验，获得了十八烷基伯胺改性后膨胀土的最大干密度和最优含水率的变化情况。不同十八烷基伯胺含量改性膨胀土击实关系曲线见图 6.2-11。

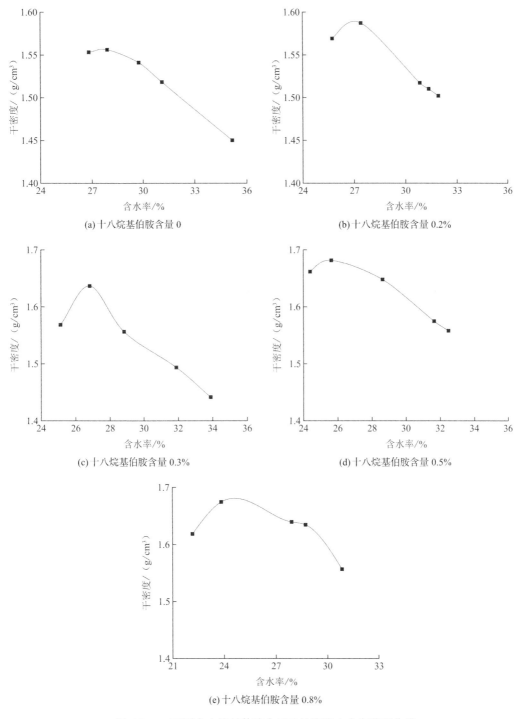

图 6.2-11　不同十八烷基伯胺含量改性膨胀土击实关系曲线

根据不同十八烷基伯胺含量改性膨胀土击实关系曲线，可以得出不同十八烷基伯胺含量改性膨胀土最大干密度以及最优含水率变化情况，试验结果见表6.2-5。

不同十八烷基伯胺含量的改性膨胀土击实试验结果 表 6.2-5

十八烷基伯胺含量/%	最大干密度/（g/cm³）	最优含水率/%
0	1.556	27.53
0.2	1.592	26.82
0.3	1.641	26.48
0.5	1.683	26.03
0.8	1.684	25.24

为了进一步分析不同十八烷基伯胺含量改性膨胀土的最大干密度以及最优含水率变化规律，绘制了相应的关系曲线，见图6.2-12。可以看出：随着十八烷基伯胺含量的增加，斥水膨胀土的最大干密度逐渐增大，但总体上增幅不大。当十八烷基伯胺含量从0增加到0.5%时，最大干密度从1.556g/cm³增加到1.683g/cm³，增幅约为8.16%；当十八烷基伯胺含量从0.5%增加到0.8%时，最大干密度从1.683g/cm³增加到1.684g/cm³，可认为没有变化。十八烷基伯胺含量对膨胀土的最大干密度影响不大，符合工程用土标准。随着十八烷基伯胺含量的增加，斥水膨胀土的最优含水率逐渐减小，二者呈负相关关系。当十八烷基伯胺含量从0增至0.8%时，其最优含水率从27.53%降至25.24%，减小了2.29%。斥水膨胀土的最优含水率变化亦不明显，表明十八烷基伯胺对膨胀土最优含水率的影响可忽略。总体上看，十八烷基伯胺的添加对膨胀土的击实性没有实质影响，对工程而言是利好的。

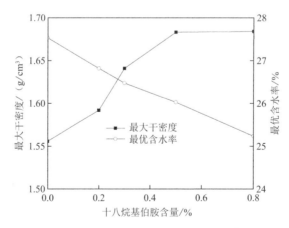

图 6.2-12 最大干密度、最优含水率与十八烷基伯胺含量关系

6.2.7 自由膨胀率

按照现行《土工试验方法标准》GB/T 50123中关于膨胀率试验的相关规定，开展十八烷基伯胺含量为0、0.2%、0.3%、0.5%和0.8%五种斥水膨胀土的自由膨胀率试验。试验结果见表6.2-6和图6.2-13。

斥水膨胀土的自由膨胀率　　　　　　　　　　表 6.2-6

十八烷基伯胺含量/%	自由膨胀率/%		平均值/%
	第一次	第二次	
0	51	53	52
0.2	50	48	49
0.3	46	44	45
0.5	43	39	41
0.8	32	28	30

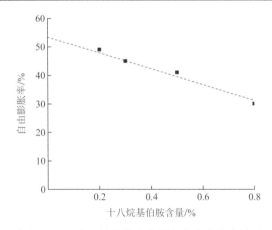

图 6.2-13　十八烷基伯胺含量与自由膨胀率关系

可以看出，随着十八烷基伯胺含量的增加，试样自由膨胀率逐渐减小，十八烷基伯胺含量与自由膨胀率呈负线性关系，斜率为−27.74，截距为 53.39，R^2 为 0.969，拟合精度高。普通膨胀土的自由膨胀率为 52%，为弱膨胀土。当十八烷基伯胺含量为 0.2% 时，自由膨胀率为 49%，相比普通膨胀土时的变化不大。当十八烷基伯胺含量为 0.8% 时，自由膨胀率降至 30%，低于规范规定的 40% 的标准，此时的膨胀土不属于膨胀土范畴，可归类于非膨胀土。在制备斥水膨胀土时，十八烷基伯胺吸附在土颗粒表面，减小了膨胀土与水接触面积，吸水能力减弱，导致其自由膨胀率随着十八烷基伯胺含量的增加而降低。就本试验而言，十八烷基伯胺含量在 0.2%、0.3% 时的试样与普通膨胀土相比，其自由膨胀率变化不大；当十八烷基伯胺含量为 0.5% 以及 0.8% 时，其自由膨胀率有较明显的降低，最大降幅达到 42%。这表明，十八烷基伯胺的添加会限制膨胀土的自由膨胀态势，对工程来说是利好的。

6.2.8　无荷膨胀率

按照现行《土工试验方法标准》GB/T 50123 中的相关规定，开展了十八烷基伯胺含量为 0、0.2%、0.3%、0.5% 和 0.8% 五种斥水膨胀土的无荷膨胀率试验，其中每种十八烷基伯胺含量下试样的初始含水率分别为 5%、10%、15% 和 20%，共计 20 组试样。试样初始干密度为最大干密度的 90%，即 1.4g/cm³。试验仪器为 WG-1B 型三联中压固结仪（图 6.2-14）。该仪器主要由试样容器、受压面板、杠杆、构架和砝码等组成，可用于开展无荷膨胀率和有荷膨胀率试验，通过试验结果可获得相应的无荷与有荷膨胀率变化规律。

图 6.2-14　WG-1B 型三联中压固结仪

　　不同初始含水率、十八烷基伯胺含量下斥水膨胀土的无荷膨胀率试验结果见表 6.2-7 和图 6.2-15。可以看出：（1）十八烷基伯胺含量相同时，随着初始含水率的增加，斥水膨胀土的无荷膨胀率逐渐降低。初始状态下水分充填试样孔隙内部的比例越大，导致其吸水能力下降，其膨胀试验过程中的膨胀量就越小。具体表现为：当十八烷基伯胺含量为 0 时，含水率在 5%～10%、10%～15% 和 15%～20% 三种区间的试样膨胀量降幅分别为 3%、4% 和 7%；当十八烷基伯胺含量为 0.2% 时，三种区间对应的降幅分别为 8%、1% 和 5%；当十八烷基伯胺含量为 0.3% 时，三种区间对应的降幅分别为 5%、2% 和 2%；当十八烷基伯胺含量为 0.5% 时，三种区间对应的降幅分别为 4%、1% 和 9%；当十八烷基伯胺含量为 0.8% 时，三种区间对应的降幅分别为 3%、1% 和 7%。当含水率总体上控制在 15%～20% 之间时，斥水膨胀土的无荷膨胀率降幅较大，其膨胀性得到有效抑制。（2）初始含水率相同时，随着十八烷基伯胺含量的增加，斥水膨胀土的无荷膨胀率逐渐减小并趋于稳定。当试样初始含水率为 5%、十八烷基伯胺含量从 0 增加到 0.8% 时，其无荷膨胀率从 12.9% 降至 9.4%，降幅为 28%；当试样初始含水率为 10%、十八烷基伯胺含量从 0 增加到 0.8% 时，其无荷膨胀率从 12.6% 降至 9.1%，降幅为 27%；当试样初始含水率为 15%、十八烷基伯胺含量从 0 增加到 0.8% 时，其无荷膨胀率从 12.1% 降至 9%，降幅为 26%；当试样初始含水率为 20%、十八烷基伯胺含量从 0 增加到 0.8% 时，其无荷膨胀率从 11.3% 降至 8.4%，降幅为 25%。随着十八烷基伯胺的逐渐添加，减小了膨胀土颗粒与水的接触面积，有效抑制了水分进入试样内部，导致斥水膨胀土的无荷膨胀率不断降低，但并不能无限降低，存在一个临界阈值。就本试验而言，当十八烷基伯胺含量为 0.8% 时，其斥水等级为极度，无荷膨胀率显著降低。

不同条件下斥水膨胀土的无荷膨胀率/%　　　　　　　　　　　　　表 6.2-7

十八烷基伯胺含量/%	含水率/%			
	5	10	15	20
0	12.9	12.6	12.1	11.3
0.2	10.9	10.0	9.9	9.4
0.3	10.1	9.6	9.4	9.2
0.5	9.7	9.3	9.2	8.4
0.8	9.4	9.1	9.0	8.4

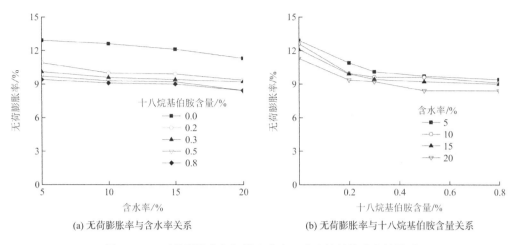

(a) 无荷膨胀率与含水率关系　　　　(b) 无荷膨胀率与十八烷基伯胺含量关系

图 6.2-15　无荷膨胀率与初始含水率、十八烷基伯胺含量关系

图 6.2-16 为不同初始含水率对斥水膨胀土膨胀时程的影响结果。可以看出：十八烷基伯胺含量相同时，试样初始含水率越小，达到膨胀稳定时的无荷膨胀率越大。含水率低意味着有较多孔隙是被空气充填，故相同条件下外界水分更容易进入试样孔隙中，导致其膨胀率越大。另外，不同条件下的试样达到膨胀稳定所需时间基本一致，并没有较大差异。

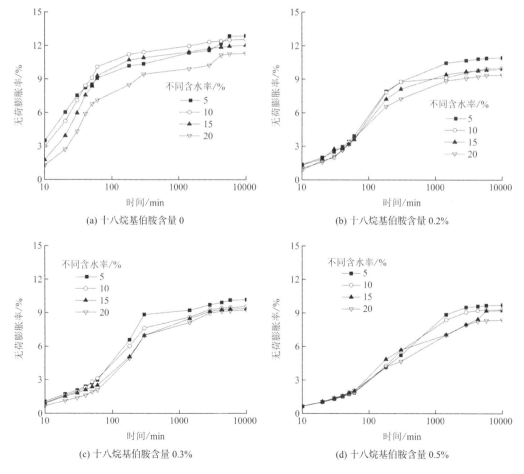

(a) 十八烷基伯胺含量 0　　　　　　(b) 十八烷基伯胺含量 0.2%

(c) 十八烷基伯胺含量 0.3%　　　　　(d) 十八烷基伯胺含量 0.5%

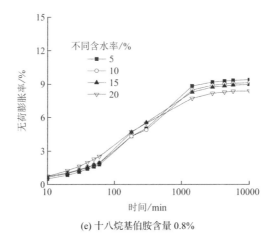

(e) 十八烷基伯胺含量 0.8%

图 6.2-16 不同初始含水率的斥水膨胀土浸水膨胀时程曲线

图 6.2-17 为不同十八烷基伯胺含量对斥水膨胀土膨胀时程的影响结果。可以看出，未添加十八烷基伯胺的试样，其无荷膨胀率一开始快速增大，经历一段时间后膨胀率增大速率变缓，在 4000min 左右时膨胀率基本保持不变。添加十八烷基伯胺的试样，其膨胀时程曲线会呈现出倒 "S" 形：一开始试样膨胀缓慢，经历一段时间膨胀速率明显增大，到达一定值后膨胀速率明显减缓，最终趋于稳定。十八烷基伯胺的添加会减小水分入渗通道，延缓水分入渗过程，十八烷基伯胺含量越多，延缓效果越明显。但水分仍然可以缓慢渗入试样内部，只是入渗时间相对增加，因此表现为初期膨胀速率较小，曲线上呈现为缓慢上升型；当水分入渗一定时间后，试样内部水分连通范围逐渐增大，此时水分入渗速率会显著增大，表现为试样膨胀速率明显增大。当试样内部孔隙被水完全贯通后，其膨胀速率又会明显降低，此时十八烷基伯胺的存在对后期水分入渗几乎没有影响。

在相同含水率条件下，随着十八烷基伯胺含量的增加，试样达到稳定时的无荷膨胀率越小且历时越短。当含水率为 20%、十八烷基伯胺含量为 0 时，试样到达稳定历时约 4000min，最终无荷膨胀率为 11.18%；当十八烷基伯胺含量为 0.8%时，试样达到稳定历时约 2000min，最终无荷膨胀率为 8.16%，降幅达 30%。这再次表明十八烷基伯胺的添加对膨胀土的膨胀性是有显著抑制效果的，对工程而言是利好的。

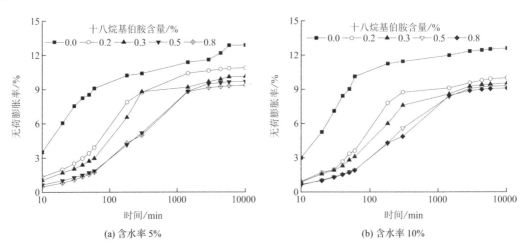

(a) 含水率 5%　　　　　　　　　　　　　(b) 含水率 10%

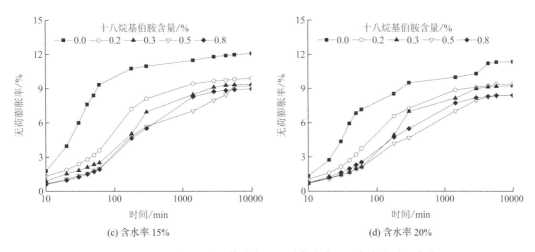

(c) 含水率 15%　　　　　　　　　(d) 含水率 20%

图 6.2-17　不同十八烷基伯胺含量的斥水膨胀土浸水膨胀时程曲线

6.2.9　有荷膨胀率

按照现行《土工试验方法标准》GB/T 50123 中关于膨胀率试验相关规定，开展十八烷基伯胺含量为 0、0.2%、0.3%、0.5% 和 0.8% 五种斥水膨胀土的无荷膨胀率试验，其中每种十八烷基伯胺含量下试样的初始含水率分别为 5%、10% 和 20%，共计 15 组试样。试样初始干密度为最大干密度的 90%，即 1.4g/cm³。不同初始含水率下和十八烷基伯胺含量的斥水膨胀土的有荷膨胀率试验结果见表 6.2-8。为了便于分析，将初始含水率对有荷膨胀率的影响绘于图 6.2-18，将十八烷基伯胺含量对有荷膨胀率的影响绘于图 6.2-19。

不同条件下斥水膨胀土的有荷膨胀率/%　　　　　　　　表 6.2-8

含水率/%	50kPa	100kPa	200kPa	400kPa	十八烷基伯胺含量/%
5	5.645	3.360	2.468	1.990	
10	5.326	2.990	2.180	1.510	0.0
20	4.890	2.360	1.600	1.250	
5	4.845	2.550	1.500	0.950	
10	4.445	2.140	1.225	0.745	0.2
20	4.000	1.590	0.850	0.625	
5	4.050	1.820	1.250	0.725	
10	3.600	1.465	1.040	0.500	0.3
20	3.140	1.050	0.730	0.450	
5	3.719	1.460	0.910	0.695	
10	3.307	1.155	0.745	0.475	0.5
20	2.992	0.880	0.580	0.325	
5	2.800	1.000	0.640	0.400	0.8

含水率/%	50kPa	100kPa	200kPa	400kPa	十八烷基伯胺含量/%
10	2.575	0.705	0.425	0.162	0.8
20	2.140	0.552	0.254	−0.080	

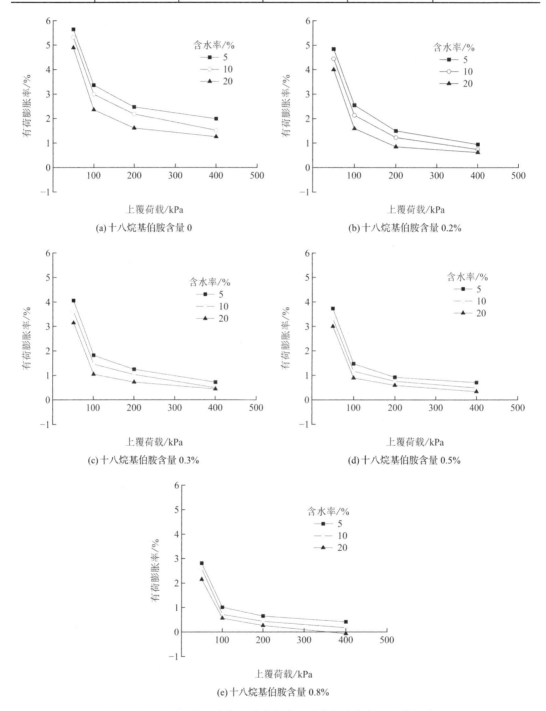

图 6.2-18　不同初始含水率下斥水膨胀土有荷膨胀率与上覆荷载关系

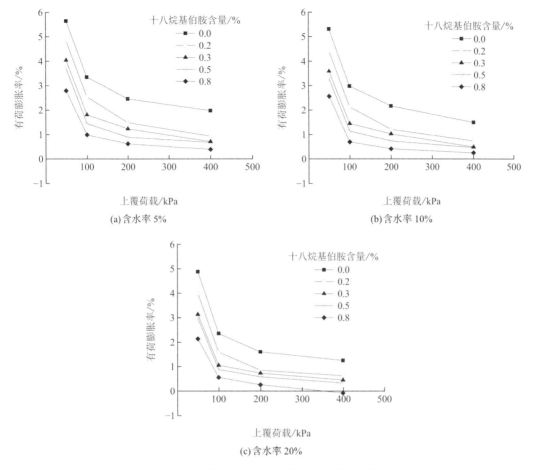

图 6.2-19　不同十八烷基伯胺含量下斥水膨胀土有荷膨胀率与上覆荷载关系

（1）初始含水率对膨胀土有荷膨胀率的影响

由图 6.2-18 可以看出，当十八烷基伯胺含量相同时，随着初始含水率的增加和竖向荷载的增大，试样有荷膨胀率均逐渐减小。当竖向荷载较小时，十八烷基伯胺含量和初始含水率对有荷膨胀率有较大影响。随着竖向荷载的增大，有荷膨胀率的降幅逐渐减小，荷载成为影响有荷膨胀率的主要因素。在 50～100kPa 时降幅较大，100～200kPa 时降幅减小，到 200～400kPa 时降幅基本为零。这与传统有荷膨胀试验结果基本一致。

（2）十八烷基伯胺含量对膨胀土有荷膨胀率的影响

由图 6.2-19 可以看出，相同初始含水率下，当十八烷基伯胺含量从 0 增至 0.8%时，试样有荷膨胀率从 5.6%降至 2.8%，降幅达 50%。这表明十八烷基伯胺的添加能够有效抑制膨胀土的吸水膨胀变形。当十八烷基伯胺含量为 0.8%时，有荷膨胀率与荷载关于曲线趋于平直线，表明十八烷基伯胺含量越高越能抑制膨胀变形。

当上覆荷载相同时，随着十八烷基伯胺含量的增加，试样有荷膨胀率逐渐减小。如试样含水率为 20%、上覆荷载为 50kPa、十八烷基伯胺含量从 0 增至 0.8%时，试样有荷膨胀率从 4.9%降至 2.1%，降幅达 58%。

（3）不同十八烷基伯胺含量和初始含水率下膨胀土膨胀力变化

根据现行《膨胀土地区建筑技术规范》GB 50112 的规定，有荷膨胀率与上覆荷载关系曲线与横坐标的交点为试样的膨胀力。由表 6.2-8 可知：当十八烷基伯胺含量为 0.8%、初始含水率为 20%时，试样在 400kPa 作用下的有荷膨胀率为−0.08%，表明此时试样反而被压缩。通过拟合可得出该试样的最大膨胀力为 352kPa。除此之外，其余试样的试验曲线均未与横坐标有交点，表明该试验荷载尚未达到试样最大膨胀力。可以看出，随着十八烷基伯胺含量的增加，试样的最大膨胀力不断降低，说明十八烷基伯胺的添加能有效降低膨胀土的膨胀力，对工程而言都是利好的。

6.3 斥水膨胀土力学性质

6.3.1 试验前准备

采用第 5 章中强度试验的相关仪器及方法来开展斥水膨胀土的力学性质研究。主要包括以下两个试验方案。

（1）不同十八烷基伯胺含量直剪试验方案

根据斥水膨胀土斥水等级试验结果，分别选用十八烷基伯胺含量为 0、0.2%、0.3%、0.5%和 0.8%五种含量来制备直剪试样。试样初始干密度为 1.56g/cm³，初始含水率为 2%，上覆荷载分别为 100kPa、200kPa、300kPa 和 400kPa。

（2）不同含水率直剪试验方案

将十八烷基伯胺含量为 0、0.2%、0.3%、0.5%和 0.8%的斥水膨胀土，分别按含水率为 10%、15%和 20%三种含水率制备直剪试样。试样初始干密度为 1.56g/cm³，上覆荷载分别为 100kPa、200kPa、300kPa 和 400kPa。

6.3.2 不同十八烷基伯胺含量直剪试验

图 6.3-1 为不同十八烷基伯胺含量下的斥水膨胀土荷载-位移关系曲线。可以看出，亲水膨胀土与斥水膨胀土的最大水平荷载均随着上覆荷载的增大而增大。在相同上覆荷载作用下，随着十八烷基伯胺含量的增加，其所承受的最大水平荷载越小。亲水膨胀土在上覆荷载 300kPa 作用下，最大承受水平荷载为 1300N，而当十八烷基伯胺含量为 0.8%时，斥水膨胀土最大承受水平荷载为 900N，相比亲水膨胀土减小了 400N。

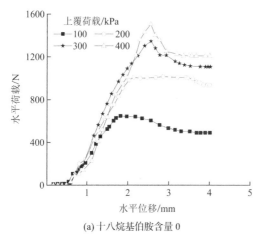

(a) 十八烷基伯胺含量 0

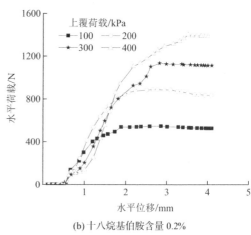

(b) 十八烷基伯胺含量 0.2%

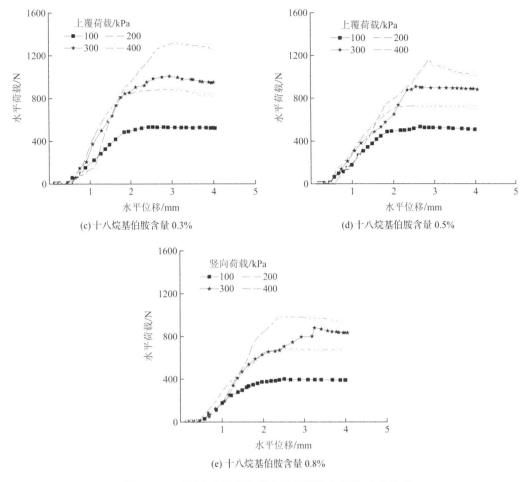

(c) 十八烷基伯胺含量 0.3%　　　　(d) 十八烷基伯胺含量 0.5%

(e) 十八烷基伯胺含量 0.8%

图 6.3-1　不同十八烷基伯胺含量的膨胀土荷载-位移关系

根据抗剪强度的定义，由图 6.3-1 可获得不同十八烷基伯胺含量下斥水膨胀土的抗剪强度，见表 6.3-1 和图 6.3-2。同时将试样抗剪强度与十八烷基伯胺含量关系绘于图 6.3-3 中。可以看出，相同上覆荷载作用下，随着十八烷基伯胺含量的增大，试样抗剪强度不断降低且下降幅度越大。不同上覆荷载作用下，抗剪强度与十八烷基伯胺含量总体呈线性关系。当十八烷基伯胺含量小于 0.3%时，抗剪强度缓慢降低，降幅不大；当十八烷基伯胺含量超过 0.3%时，抗剪强度大幅度降低，最后当十八烷基伯胺含量为 0.5%～0.8%时，基本趋于平稳。总体上，随着十八烷基伯胺含量的增加，抗剪强度呈现"缓降—陡降—平稳"形式。

不同十八烷基伯胺含量下的斥水膨胀土抗剪强度/kPa　　　　　　表 6.3-1

上覆荷载/kPa	十八烷基伯胺含量/%				
	0.0	0.2	0.3	0.5	0.8
100	214.2	182.1	178.5	178.4	133.5
200	337.6	296.2	295.8	242.9	229.4
300	447.5	377.8	336.6	302.4	292.7
400	500.8	467.4	441.6	387.2	329.6

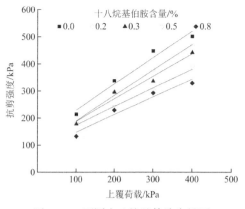

图 6.3-2　不同十八烷基伯胺含量下
试样抗剪强度与上覆荷载关系

图 6.3-3　抗剪强度与十八烷基伯胺含量关系

由图 6.3-3 可知，试样抗剪强度与上覆荷载呈较好的线性关系，可用摩尔库仑强度准则进行拟合，相应的抗剪强度指标见表 6.3-2。进一步地，绘制了内摩擦角和黏聚力与十八烷基伯胺含量关系，见图 6.3-4。可以看出，内摩擦角和黏聚力均与十八烷基伯胺含量呈负线性关系，拟合结果见式(6.3-1)和式(6.3-2)，拟合精度高。

不同十八烷基伯胺含量的斥水膨胀土抗剪强度指标　　　　　　　　　　表 6.3-2

十八烷基伯胺含量/%	内摩擦角/°	黏聚力/kPa
0	44.12	132.6
0.2	43.15	109.7
0.3	39.70	105.6
0.5	34.45	96.2
0.8	33.09	83.4

$$\varphi = -15.6x + 44.5 \tag{6.3-1}$$
$$c = -57.7x + 126.3 \tag{6.3-2}$$

式中：φ——内摩擦角（°）；

　　　c——黏聚力（kPa）；

　　　x——十八烷基伯胺含量（%）。

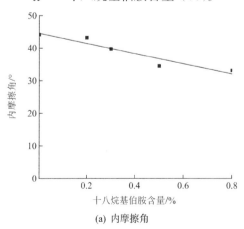

(a) 内摩擦角

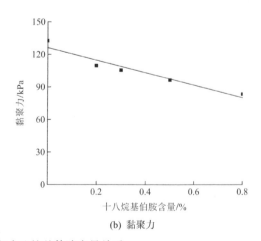

(b) 黏聚力

图 6.3-4　抗剪强度指标与十八烷基伯胺含量关系

6.3.3　不同含水率直剪试验

含水率是影响膨胀土力学性质的重要因素，因此开展了不同含水率下的直剪试验。与上节相同，根据试样的水平荷载与水平位移关系，可得到不同十八烷基伯胺含量的斥水膨胀土在 3 种不同含水率状态下的抗剪强度。将不同条件下的斥水膨胀土抗剪强度与上覆荷载绘于图 6.3-5。可以看出：（1）在十八烷基伯胺含量和上覆荷载相同条件下，随着试样含水率的增大，其抗剪强度逐渐减小。如当十八烷基伯胺含量为 0.8%、上覆荷载为 400kPa 时，抗剪强度由 307.1kPa（含水率为 10%）降至 241.6kPa（含水率为 20%），降幅为 21.3%。（2）在含水率和上覆荷载相同条件下，随着十八烷基伯胺含量的增加，抗剪强度亦随之减小，这与上节试验结果一致。如当含水率为 15%、上覆荷载为 200kPa 时，抗剪强度由 301.6kPa（0%）降至 150.1kPa（0.8%），降幅达 50.2%。

试样抗剪强度与上覆荷载均呈现较好的线性关系，满足摩尔库仑强度准则，拟合结果见图 6.3-5 中相关公式，同时将相应的黏聚力和内摩擦角列于表 6.3-3。为了更好地分析不同含水率和十八烷基伯胺含量对膨胀土抗剪强度指标的影响，绘制了黏聚力（内摩擦角）-含水率-十八烷基伯胺含量三维曲面图，见图 6.3-6。

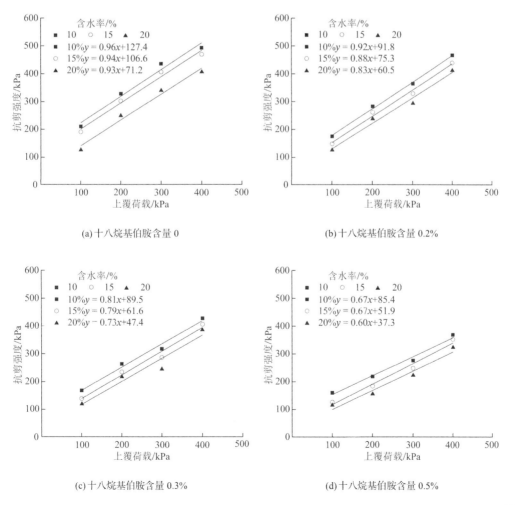

(a) 十八烷基伯胺含量 0　　　　　　　　　　(b) 十八烷基伯胺含量 0.2%

(c) 十八烷基伯胺含量 0.3%　　　　　　　　(d) 十八烷基伯胺含量 0.5%

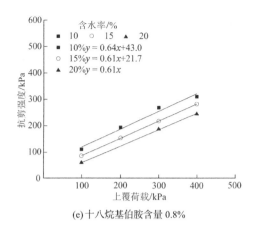

(e) 十八烷基伯胺含量 0.8%

图 6.3-5　不同十八烷基伯胺和含水率的膨胀土抗剪强度与上覆荷载关系

不同十八烷基伯胺含量和含水率下的膨胀土抗剪强度指标　　　　表 6.3-3

含水率/%	十八烷基伯胺含量/%									
	0		0.2		0.3		0.5		0.8	
	c	φ	c	φ	c	φ	c	φ	c	φ
2	132.6	44.1	109.7	43.1	105.6	39.7	96.3	34.5	83.4	33.1
10	127.4	43.7	91.8	42.7	89.5	38.8	85.4	33.9	43.0	32.5
15	106.6	43.3	75.3	41.3	61.6	38.2	51.9	33.7	21.7	31.4
20	71.2	43.0	60.5	39.8	47.4	36.3	37.3	30.9	0	30.5

注：c 为黏聚力（kPa）；φ 为内摩擦角（°）。

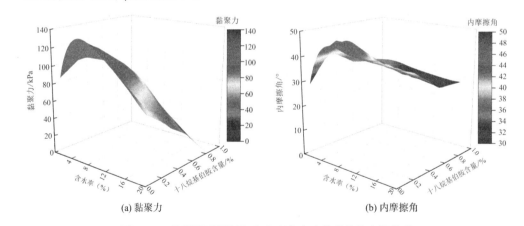

(a) 黏聚力　　　　　　　　　　　　　　　(b) 内摩擦角

图 6.3-6　抗剪强度指标与含水率和十八烷基伯胺含量关系

　　可以看出，在内摩擦角方面：（1）含水率相同时，随着十八烷基伯胺含量的增加，内摩擦角先缓慢减小后迅速减小，最后趋于平稳。含水率为 20%、十八烷基伯胺含量从 0 增加到 0.2% 时，其内摩擦角从 43.0° 降至 39.8°，降幅约 7.3%；十八烷基伯胺含量从 0.2% 增加到 0.5% 时，内摩擦角从 39.8° 降至 30.9°，降幅约 22.4%；十八烷基伯胺含量从 0.5% 增加到 0.8% 时，内摩擦角从 30.9° 降至 30.5°，降幅约 1.2%。这表明十八烷基伯胺对内摩擦角的影响主要集中在低至中等含量上，含量的增大对内摩擦角的影响越小。（2）当十八烷基伯胺含量相同时，随着含水率的增加，内摩擦角逐渐减小，但总体降幅不大，最大降幅约 7.8%（十八烷基伯胺含量为 0.8%）。

在黏聚力方面：（1）当含水率相同时，黏聚力与十八烷基伯胺含量呈负相关关系，最大降幅约 79.6%（含水率为 15%）。（2）当十八烷基伯胺含量相同时，随着含水率的增加，黏聚力也逐渐减小，最大降幅约 61.3%。

总体上看，黏聚力受含水率与十八烷基伯胺含量的影响较大，内摩擦角影响相对较小。随着十八烷基伯胺含量的增加，斥水膨胀土的斥水性不断增大，增加了膨胀土颗粒表面的土-水接触角，导致土颗粒之间以及颗粒与水的联结能力下降，宏观上表现为粘结和摩擦性能的双重下降。另外，由于膨胀土初始黏聚力和内摩擦角较大，十八烷基伯胺的添加对抗剪强度的削弱仍可被工程所接受。

6.4　斥水膨胀土微观形态

根据上述章节研究成果，选取具有代表性的膨胀土试样开展了微观测试试验。试验仪器与第 2 章中完全一致。试样选取十八烷基伯胺含量分别为 0、0.2%、0.3%、0.5% 和 0.8% 5 组斥水膨胀土的剪切后试样，其初始含水率为 20%，初始干密度为 1.56g/cm³，上覆荷载为 100kPa。分别将试样放大 500 倍、1000 倍、2000 倍和 5000 倍以获得不同的微观形态图像。具体见图 6.4-1～图 6.4-5。此处选取十八烷基伯胺含量为 0 和 0.8% 的试样进行对比分析。可以看出，不同十八烷基伯胺含量的斥水膨胀土在微观结构上有明显差异。无十八烷基伯胺的膨胀土，其内部结构较为松散，土颗粒之间接触较为随意，连接方式呈现多元性，有点-点接触、点-面接触和面-面接触，颗粒之间有较大孔隙，有利于水分入渗并与黏土矿物发生作用，膨胀性好。当十八烷基伯胺含量为 0.2% 时，土颗粒间的孔隙尺寸有所减少，但十八烷基伯胺的附着效果并未有明显发现。当十八烷基伯胺含量为 0.3% 和 0.5% 时，发现部分土颗粒表面有不同矿物本身的外来附着物，经光谱分析为十八烷基伯胺且以附着形态粘结于土颗粒表面，导致颗粒之间的粘结性能和摩擦性能有所降低，但颗粒之间的孔隙尺寸进一步缩小。当十八烷基伯胺含量为 0.8% 时，土颗粒表面被十八烷基伯胺附着面积越大，土颗粒之间的连接越被削弱，导致抗剪强度进一步下降，孔隙率继续减小。这表明，十八烷基伯胺的添加，一方面会有效提升土体的抗渗性能，另一方面会降低土体的抗剪性能，但总体上强度被削弱的程度有限，对工程的影响不大。

(a) 500 倍

(b) 1000 倍

(c) 2000 倍　　　　　　　　　　　　　　(d) 5000 倍

图 6.4-1　斥水膨胀土 SEM 测试形态（十八烷基伯胺含量 0）

(a) 500 倍　　　　　　　　　　　　　　(b) 1000 倍

(c) 2000 倍　　　　　　　　　　　　　　(d) 5000 倍

图 6.4-2　斥水膨胀土 SEM 测试形态（十八烷基伯胺含量 0.2%）

(a) 500 倍　　　　　　　　　　　　　　(b) 1000 倍

(c) 2000 倍　　　　　　　　　　　　(d) 5000 倍

图 6.4-3　斥水膨胀土 SEM 测试形态（十八烷基伯胺含量 0.3%）

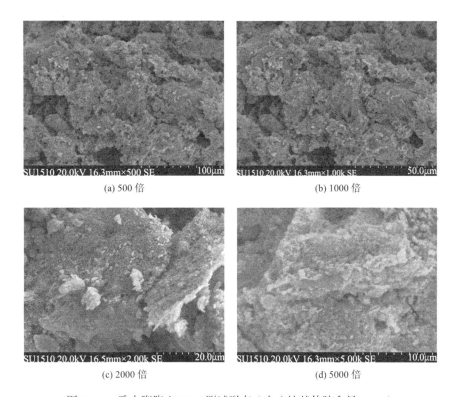

(a) 500 倍　　　　　　　　　　　　(b) 1000 倍

(c) 2000 倍　　　　　　　　　　　　(d) 5000 倍

图 6.4-4　斥水膨胀土 SEM 测试形态（十八烷基伯胺含量 0.5%）

(a) 500 倍　　　　　　　　　　　　(b) 1000 倍

(c) 2000 倍　　　　　　　　　　　　　　(d) 5000 倍

图 6.4-5　斥水膨胀土 SEM 测试形态（十八烷基伯胺含量 0.8%）

为了进一步验证十八烷基伯胺的斥水效果，对某一相同区域处分别选取左、中、右三个位置，结合元素光谱图进行分析，结果见图 6.4-6 和图 6.4-7。左处区域为表面积大的单独颗粒，中间区域以细小颗粒为主，右处区域为大颗粒边缘位置。十八烷基伯胺主要以 C 元素形式被检测出来。可以看出，左右位置范围内的 C 元素含量分别为 40.02% 和 36.1%，中间位置的 C 元素含量为 9.34%，存在较大的不均匀分布现象。十八烷基伯胺是以熔融冷凝的方式附着在颗粒表面的，颗粒表面积越大，越容易附着。这会导致原本越易亲水的表面被斥水化。另外，粒径较小的颗粒虽然不易被十八烷基伯胺附着，但是其形成的细小孔隙结构不易被水浸润，渗透性本身就差。总体上使得土体的渗透性进一步恶化，即被水分浸润入渗的能力进一步削弱了，宏观上表现为斥水。

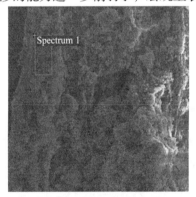

元素	比例/%
C	40.02
O	48.93
Al	2.89
Si	3.53
Ca	0.63
Ti	3.99
Fe	40.02

(a)左处　　　　　　　　　　　　　　(b)元素分布

元素	比例/%
C	9.34
O	48.03
Al	12.54
Si	20.23
Ca	1.36
Ti	0.78
Fe	7.71

(c)中处　　　　　　　　　　　　　　(d)元素分布

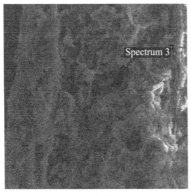

元素	比例/%
C	36.1
O	51.7
Al	3.37
Si	4.27
Ca	0.46
Fe	0.72

(e) 右处　　　　　　　　　　　　　　　(f) 元素分布

图 6.4-6　不同位置形态其元素分布（十八烷基伯胺含量 0.8%）

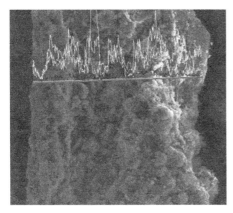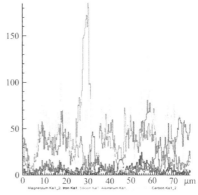

图 6.4-7　元素光谱分布（十八烷基伯胺含量 0.8%）

6.5　本章小结

（1）采用十八烷基伯胺对膨胀土进行了斥水化，开展了基本物理性质试验研究。与普通膨胀土相比，斥水膨胀土表现出较好的斥水性，其斥水程度与膨胀土初始含水率密切相关。当其含水率超过某一值时，斥水性消失；接触角显著增大，比表面积明显减小；液限减小，塑限增大，塑性指数降低；最大干密度有一定提升，最优含水率无明显变化；自由膨胀率、无荷膨胀率与有荷膨胀率均有所降低，膨胀力亦有所减小。

（2）斥水膨胀土的黏聚力受含水率与十八烷基伯胺含量的影响较大，受内摩擦角的影响相对较小。随着十八烷基伯胺含量与含水率的增加，抗剪强度指标均有所减小，但总体上能满足工程需求。

（3）颗粒表面积越大，越容易附着十八烷基伯胺。粒径较小的颗粒虽然不易被十八烷基伯胺附着，但是其形成的细小孔隙结构不易被水浸润。总体上使得土体的渗透性进一步恶化，即被水分浸润入渗的能力进一步被削弱，宏观上表现为斥水性增强，抗渗性能得到显著提高。

参考文献

[1] 李广信.高等土力学[M].北京: 清华大学出版社, 2004.

[2] 王春林, 高贵全.膨胀土研究进展[J].云南农业大学学报, 2008(6): 856-859.

[3] 张永双, 郭长宝, 曲永新, 等.云南腾冲膨胀性硅藻土的发现及其工程地质意义[J].工程地质学报, 2012, 20(2): 266-275.

[4] 彭义峰, 江好, 方平, 等.膨胀土地区临时边坡破坏特征及主要影响因素研究[J].资源环境与工程, 2017, 31(4): 436-441.

[5] 包承纲.非饱和土的性状及膨胀土边坡稳定问题[J].岩土工程学报, 2004, 26(1): 1-15.

[6] 杨和平, 何村染, 湛文涛.膨胀土地区筑路引起水土流失的几个实际案例[J].中外公路, 2010, 30(4): 35-38.

[7] 李雄威, 孔令伟, 郭爱国.膨胀土堑坡变形的湿热耦合效应及其与降雨历时的关系[J].公路交通科技, 2009, 26(7): 1-6.

[8] 陈俊英, 刘畅, 张林, 等.斥水程度对脱水土壤水分特征曲线的影响[J].农业工程学报, 2017, 33(21): 188-193.

[9] 陈俊英, 张智韬, 汪志农, 等.土壤斥水性影响因素及改良措施的研究进展[J].农业机械学报, 2010, 41(7): 84-89+83.

[10] 漆宝瑞, 秦小林.膨胀土的膨胀系数、收缩系数求解及应用[J].铁道标准设计, 2005, (6): 11-13.

[11] 张永双, 郭长宝, 曲永新, 等.云南腾冲膨胀性硅藻土的发现及其工程地质意义[J].工程地质学报, 2012, 20(2): 266-275.

[12] Robert W.Swell-Shrink Behavior of Compacted Clay[J].Journal of Geotechnical Engineering, 1994, 120(3): 618-623.

[13] Kassiff G, Etkin A, Zeitlen J G.Failure Mechanism of Canal Lining in Expansive Clay[J].Journal of Soil Mechanics & Foundations Div, 1967, 95-118.

[14] Nelson J, Miller D J.Expansive Soils: Problems and Practice in Foundation and Pavement Engineering[M].John Wiley & Sons, 1997.

[15] 陈建斌, 孔令伟, 赵艳林, 等.蒸发蒸腾作用下非饱和土的吸力和变形影响因素分析[J].岩土力学, 2007, 28(9): 1767-1773.

[16] 杨和平, 郑健龙.云南楚大公路膨胀土的土性试验研究[J].中国公路学报, 2002, 15(1): 13-17.

[17] Seco A, Ramírez F, Miqueleiz L, et al.Stabilization of expansive soils for use in construction[J].Applied Clay Science, 2011, 51(3): 348-352.

[18] Soltani A, Deng A, Taheri A, et al.Rubber powder-polymer combined stabilization of South Australian expansive soils[J].Geosynthetics International, 2018, 25(3): 304-321.

[19] Bell F G.Stabilization and treatment of clay soils with lime: basic principles.Ground Engineering Journal[J].1979, 12: 112-118.

[20] Zalihe Nalbantoglu, Emin Gucbilmez.Improvement of calcareous expansive soils in semi-arid environments[J].Journal of Arid Environments, 2001, 47(4): 453-463.

[21] Zalihe Nalbantoğlu.Effectiveness of Class C fly ash as an expansive soil stabilizer[J].Journal of Arid Environments, 2004, 18(6): 377-381.

[22] Seco A, Ramírez F, Miqueleiz L, et al.Stabilization of expansive soils for use in construction[J].Applied clay

science, 2011, 51(3): 348-352.

[23] Rizgar A Blayi, Aryan Far H Sherwani, Hawkar Hashim Ibrahim, et al.Strength improvement of expansive soil by utilizing waste glass powder[J].Case Studies in Construction Materials, 2020, 13: 12-21.

[24] Sahoo, Pradhan, Rao.Behavior of stabilized soil cushions under cyclic wetting and drying[J].International Journal of Geotechnical Engineering, 2008, 2(2): 89-102.

[25] Abdullah W S, Al-Abadi A M.Cationic-electrokinetic improvement of an expansive soil[J]. Applied Clay Science Cationic, 2009, 47(3): 343-350.

[26] Manisha Gunturi, Ravichandran P T, Annadurai R, et al.Effect of RBI-81 on CBR and Swell Behaviour of Expansive Soil[J].International Journal of Engineering Research, 2014, 3(5): 336-339.

[27] Estabragh R, Rafatjo H, Javadi A A.Treatment of an expansive soil by mechanical and chemical techniques[J].Geosynthetics International, 2014, Geosynthetics International, 21(3): 233-243.

[28] 龚壁卫, 程展林, 郭熙灵, 等.南水北调中线膨胀土工程问题研究与进展[J].长江科学院院报, 2011, 28(10): 134-140.

[29] 项伟, 董晓娟.南水北调潞王坟段弱膨胀土膨胀性研究[J].岩土力学, 2012, 33(4): 986-992.

[30] 柳东亮, 兰景岩.南水北调渠道膨胀土复核勘察与防治措施研究[J].水科学与工程技术, 2019(4): 93-96.

[31] 高丽君, 丁述理, 杜海金, 等.我国膨胀土地基改性处理方法的研究进展[J].西部探矿工程, 2006(7): 41-44.

[32] 冯怀平, 常建梅, 曹国俊.工程弃碴改良膨胀土路堤的实验研究[J].铁道标准设计, 2004(5): 54-55+102.

[33] 刘科, 常建梅, 曹国俊.膨胀土路基的弃碴改良试验研究[J].国防交通工程与技术, 2004(2): 30-32.

[34] 吴新明, 巫锡勇, 周明波.水泥改良膨胀土试验研究[J].路基工程, 2007(2): 94-95.

[35] 孙树林, 魏永耀, 张鑫.废弃轮胎胶粉改良膨胀土的抗剪强度研究[J].岩石力学与工程学报, 2009, 28(S1): 3070-3075.

[36] 孙树林, 郑青海, 唐俊, 等.碱渣改良膨胀土室内试验研究[J].岩土力学, 2012, 33(6): 1608-1612.

[37] 兰常玉, 薛鹏, 周俊英.粉煤灰改良膨胀土的动强度试验研究[J].防灾减灾工程学报, 2010, 30(S1): 79-81.

[38] 杨俊, 黎新春, 张国栋, 等.风化砂改良膨胀土强度特性试验研究[J].公路, 2013(2): 161-165.

[39] 易志斌.中粗砂改良膨胀土的收缩性试验研究[J].路基工程, 2018(5): 144-148.

[40] 孙飞, 璩继立, 朱云长.稻壳灰对膨胀土层改性的试验研究[J].中国水运(下半月), 2019, 19(5): 259-260.

[41] 张文豪, 谢建斌, 孙孝海, 等.工业碱渣改良的云南蒙自膨胀土细观机理研究[J].水电能源科学, 2019, 37(11): 156-159.

[42] 郭铄.稻壳灰和电石渣改性膨胀土力学性能及作用机理研究[J].公路工程, 2020, 45(3): 210-215.

第7章

斥水土壤生态护坡技术试验研究

前面章节系统开展了土壤人为斥水化机理、斥水度测试及工程性质试验等研究，较完整地介绍了斥水土相关性质变化规律及影响因素。在诸多工程中，边坡是土木水利等领域常见的工程类型。无论是挖方边坡还是填方边坡，其稳定性都是设计施工时必须重点关注的。纵观古今，边坡失稳的主要原因之一在于其坡体含水率发生了改变，导致其抗剪强度降低，不足以维持已有平衡状态，继而发生失稳破坏。诱发土体含水率变化的因素有很多，例如降雨入渗和蒸发、植被吸收与蒸腾、地下水位升与降等。因此，如何有效控制坡体水分变化是保持边坡稳定性的主要切入点。在传统边坡防渗技术中，坡面工程防护技术与坡面植被防护技术是最常见的两种防渗技术。坡面工程防护技术主要采用不同材质和形式的工程材料对边坡表面进行保护性防护，在提高坡面整体性的同时达到阻渗目的，主要有柔性防护网、喷混凝土（浆）防护、砌石防护和土工材料防护等。植被防护技术主要采用适应当地气候条件的植物，通过一定方式使其在坡面存活成长，在绿化坡面的同时达到阻渗目的，主要有客土喷播、植生带、液力喷播、预制生态砖等。由于两种技术各有优点，继而提出了工程与植被结合的防护技术。无论哪种边坡防渗技术，都是采用它型材料来控制水分入渗坡体，一旦它型材料失去防渗效果，其防渗长期性无法得到保证，导致相应的工程事故发生。若能借鉴前述研究思路，将土壤自身亲水性转为斥水性，则水分无法轻易渗入坡体，继而保持边坡的长期稳定。在此基础上，如果能与植被防护技术有效结合，则可进一步提升边坡土体抗渗性能，同时又能绿化坡体，满足生态防护需求。据此，本章在已有研究基础上，开展了"斥水土＋植被"生态护坡技术的室内试验和数值模拟，获得了"斥水土＋植被"生态护坡下坡体含水率的变化规律，提出了"斥水土＋植被"生态护坡技术要点，可为边坡防渗等相关工程防渗提供新的思路，具有重要的工程意义和应用价值。

7.1 边坡生态防护

现有边坡防护加固措施大多采用砌石及混凝土等材料，难以融入当地生态环境中，与生态理念并不相符。随着人们环保意识的增强及经济实力的提升，生态防护理念逐渐被人们接受并开始应用到工程建设中。我国很多地区都是生态平衡敏感区，任何人类活动，尤其是工程建设，都不可避免地影响当地生态平衡。当下人类已意识到不能靠牺牲环境为代价来盲目开展经济建设，不能重复"先污染后治理"的模式；但也不能一味地以环境保护为由导致经济停滞，影响正常的社会发展。只有把性质不同的生态环境系统与工程建设有机结合，采用科学有效的技术手段和工艺才能充分利用资源开展工程建设，最终达到人与自然和谐共处的目的，符合可持续发展理念。符合该条件的防护措施称之为生态防护。生态防护既能达到防护效果，又能最大限度地与当地生态融为一体，因此一经提出就得到共同认可和广泛应用，是目前工程防护的主要措施。

　　传统边坡生态防护是指单独采用植被或植被与土工材料等相结合的一种保护坡面的生态防护措施。该防护系统的核心是利用适应当地气候条件的常见植被来达到固坡效果。植被品种的选择要优先考虑根系发达、分生力强、耐瘠耐旱的植被。植被根系发达与否直接关系到固土能力，也是植被护坡的核心。根系发育空间越大，根系分布就越深，保持水土能力越强，固坡效果越好。分生力强的植被可以快速提高覆盖范围，降低表土裸露面积，削弱地表径流引起的侵蚀能力。但要注意植被不宜生长过高，否则会影响外观，增加维护成本。工程边坡土体一般较贫瘠，养分和水分都不足，故宜选择耐瘠耐旱的植被。因此，目前工程中根据地区分布来选择不同类型的植被。在温带寒带地区，主要有草地早熟禾、细羊茅、黑麦草等；在半干旱地区，主要有野牛草、冰草、格兰马草等；在亚热带地区，主要有狗牙根、百喜草、结缕草等；高羊茅草可用于亚热带和温带的过渡地带。此外，边坡植被空间形态与配置形式要遵循"和谐共融"原则，力求创造源于自然的防护形式。充分挖掘和利用当地文化资源，突出风土人情，在保证边坡稳定的同时，着重突出生态环保和家国情怀的设计理念。

　　早在 20 世纪 30 年代，美国等发达国家就开始进行生态恢复技术研究，目的是恢复在机场空地和公路边坡等地方生态系统。20 世纪 40 年代末，英国将生态防护用于堤岸、交通线路边坡和陆地景观的加固。1994 年，日本已经开始研究高新技术来恢复公路生态环境，"特殊空间绿化技术""植被恢复技术""公路边坡绿化技术""景观仿真技术"等技术应运而生，并迅速得到推广应用。随着边坡防护技术的发展，当前国外主流生态防护技术主要有湿式喷播快速植草技术、工程与生态结合技术和基质喷附技术等。国内生态护坡技术自古就可见记载，当时人类采用柳树种植在两岸，既达到了河岸稳固目的，又起到美化景观的作用。此外，生态防护技术在黄河河岸的保护上应用广泛。近年来，随着可持续发展和生态护坡理念的大力宣传，越来越多的工程开始使用生态护坡技术。省道 306 线蕉城至古田段位于山岭重丘区的五处省道均使用了 CF 网植草喷播技术进行生态护坡，完成后植被与周边自然环境完美结合，有效防止了处置前的水土流失和塌方等工程问题；云南广那高速公路那洒镇岜皓村附近使用三联生态防护技术对水土流失严重、影响稳定安全的边坡进行生态治理，效果显著，其工程经验为"一带一路"生态优先绿色发展提供了重要技术支撑；景德镇浯溪口水利枢纽工程选用了格宾垫护坡、TBS 生态护坡、生态袋柔性护坡和连锁式生态护坡 4 种技术进行了边坡治理，最终使边坡生态系统得到了恢复。可以看出，生态防护主要应用于公路工程和水利工程两方面。

　　在高速公路上的边坡防护工程中，生态破坏是困扰高速公路发展的重要难题。公路施工过程受路槽开挖、桥梁铺设、涵洞掘进等影响使地表植被遭到破坏，原有平衡关系被打破，导致表土抗侵蚀能力削弱，水土极易流失，边坡稳定性逐渐下降。通过边坡植被防护，可以迅速恢复地表植被，改善生态系统失衡，防止地表水土流失，降低使用维护成本，达到生态美观效果。因此在高速公路边坡防护工程中，植被防护具有重要的功能，其优点不言而喻。主要包括：（1）随着蒸腾作用的不断进行，植物根系持续从土体内部吸收水分，土体饱和度不断降低，超孔隙水压力减小，基质吸力增大，土体抗剪强度增加，边坡稳定系数逐渐增大；（2）绿色是大自然的健康护眼色，植被生长后形成的绿色景观带可有效缓解驾驶员视角疲劳，提升安全驾驶性能；（3）植被生长后会形成新的生态系统，具有自然生长及演替的长期性，实现防护边坡的可持续性；（4）与传统工程防护相比，植被防护施工成本低。植被防护技术缺点也较明显，主要体现在：（1）存在一定局限性。公路施工区域大多存在工况复杂恶劣、边坡坡度较大、土体营养贫瘠等不良特点，不利于植被根系的长期生长，不利于植被存活。（2）植被养护管理不到位。植被生长需要专业人士定期养护，施工单位往往缺乏专业人员，导致后期植被枯萎死亡，无法达到防护效果。

在水利工程中，生态防护技术也是常见技术手段。在城市发展中，河道受到了严重的污染，水质恶化，生态环境遭受严重破坏。而以往对河道的保护都是以"堵"为主，而在要求可持续发展的背景下，生态护坡技术便开始被人们所重视。水利工程边坡防护存在以下优点：（1）它有效应用生态植被根部系统，充分发挥其稳定性，以此丰富土壤养分，及时加固坡体，降低成本，并且形成具有较强可观性的景色，不仅治理河道，而且通过应用生态护坡技术，可以提高河道价值。（2）植被茎叶具有降水截流、削弱侵蚀、抑制地表径流等作用。通过草本植株与枯落物经雨水动能有机组合，可以阻挡土粒飞溅或者强降雨对岸坡土壤的侵蚀。（3）修复水体污染。传统河道护坡一般采用非自然的材料，在施工过程中往往又要使用添加剂，在保护河道的同时又形成了二次环境污染，然而生态护坡技术却没有这些缺点。生态护坡能给水体生物提供生长场所，随着生物的数量、种类的增多，水体的自净也将得到增强，水质逐渐变好。（4）改善附近居民的生活环境。生态护坡中大量地种植植物，增加了该地区的生物多样性，同时城镇绿化面积得到增加，改善居民生活环境。但其缺点也较明显，主要包括：（1）由于河道护坡表面植被以及其他工程措施的影响，造成河道水流速度明显降低，并且某些植被会产生淤塞效应，降低了河道的通行能力，也导致了城镇水源的流失。（2）部分外来植物移植后大量繁殖遮蔽水体表面，水中氧气含量减少，导致水中动植物生长受到限制，影响产量和质量。

目前边坡生态防护技术主要包括 13 种，其类型、作用方式、优缺点及适用范围见表 7.1-1。可以看出，目前关于工程防渗的研究主要集中在生态护坡等方面，重点考虑了种植植被对边坡防护的影响。然而，覆盖斥水土对边坡防护的研究并不多见，尤其是关于斥水土应用工程防渗领域的成果鲜见报道。若能采用"斥水土 + 植被"的方法开展生态护坡防护技术的研究，获得"斥水土 + 植被"生态护坡技术对边坡中土壤含水率等的变化规律，可为工程防渗提供新的思路，也为生态防护技术提供新方法。

边坡生态防护技术　　　　　　　　　　　　　　　　表 7.1-1

护坡名称	作用方式	优点	缺点	适用范围
直接种草	在边坡坡面简单播撒草种	施工简单 造价低廉 适应性好	草籽易被雨水冲走，种草成活率低，造成表土流失，后期修复成本高	坡高不高、坡度较缓且适宜草类生长的土质路堑和路堤边坡
土工格室植草	在展开并固定在坡面上的土工格室内填充营养土，然后在格室上挂三维植被网进行喷播施工	使裸露边坡充分绿化，带孔格式还能增加坡面排水性能	施工过程较为复杂，后期维护成本较高	适合于坡度较缓的泥岩、灰岩、砂岩等岩质路堑边坡
蜂巢式网格植草	在修整好的边坡坡面上拼铺正六边形混凝土框砖形成蜂巢式网格后，在网格内铺填植土，再在砖框内栽草或种草	网格可批量生产，受力结构合理，拼铺后能有效地分散坡面雨水径流，减缓水流速度，防止坡面冲刷，保护草皮生长。护坡施工简单，外观齐整，造型美观大方，具有边坡防护、绿化双重效果	造价较高，且由于草与草之间被混凝土框隔离，整体固土效果不是很好	多用于填方边坡

续表

护坡名称	作用方式	优点	缺点	适用范围
植生基质植物	在稳定边坡上安装锚杆挂网后，使用专用喷射机将混合物喷射至坡面上，植物依靠植生基质材料生长发育，达到植物护坡效果	有效解决普通绿化工艺达不到的施工效果，不受复杂地质条件的限制	施工技术相对较难；喷播基质材料厚度较薄的话，照晒后容易脱落；喷播的基质材料较厚的话，重量过大，挂网容易下坠；总体工程造价偏高	适用范围广
框格内填土植草	先在边坡上用预制框格或混凝土砌筑框格，再在框格内置土种植绿色植物	结构受力合理稳定性好	工程造价高施工难度大	浅层稳定性差、难以绿化的高陡岩坡和贫瘠土质边坡
液压喷播植草	将草籽、肥料、粘结剂、纸浆、土壤改良剂和色素等按比例在混合均匀后，通过机械加压喷射到边坡坡面	施工简单、速度快施工质量高草籽喷播均匀防护效果好适用性广	固土保水能力低，容易形成侵蚀	公路、铁路、城市建设等部门边坡防护工程
客土植生植物	将保水剂、粘合剂、抗蒸腾剂、团粒剂、植物纤维、泥炭土、腐殖土和缓释复合肥等一类材料制成客土，经过专用机械搅拌后吹附到坡面上，形成一定厚度客土层	广泛的适应性客土与坡面结合牢固土层肥力好抗旱性较好机械化程度高施工简单工期短	要求边坡稳定、坡面冲刷轻微，边坡坡度大的部位，长期浸水地区不适合	坡度较小的岩基边坡、风化岩及硬质土坡，道路边坡，矿山，库区以及贫瘠土地
平铺铺草皮	在边坡面铺设天然草皮	施工简单工程造价低成坪时间短护坡功效快施工季节限制少	前期养护管理困难，新铺草皮易受各种自然灾害，造成坡面冲沟、表土流失、坍滑等边坡灾害	适用于草皮来源较易、边坡高度不高且坡度较缓的各种土质及严重风化的岩层和成岩作用差的软岩层边坡防护工程
浆砌片石骨架植草	用浆砌片石在坡面形成框架，在框架里铺填种植土，然后铺草皮、喷播草种的一种边坡防护措施	能减轻坡面冲刷，保护草皮生长	片石整体刚度不够，抵抗变形能力差，易开裂	适用于边坡高度不高且坡度较缓的各种土质、强风化岩石边坡
土工网垫植草	网垫、草皮和土壤表面组合在一起形成整体护坡形式	成本低施工方便美化环境	土工网垫易老化，形成二次污染	多数边坡均适用
石笼	由高镀锌钢丝或热镀铝锌合金钢丝编织而成的箱笼，内填石料等不风化的填充物做成的工程防护结构	柔制性好透水性好耐久性好防浪能力强	金属易腐蚀、塑料网老化，外露网格局部易破坏，网内松散的石料易掉出	多数边坡均适用
植生袋	将含有种子、肥料的无纺布全面覆贴在专用 PVC 网袋内，然后在袋中装入种植土覆于坡面	基质不易流失与坡面形状吻合度高施工简易	造价高，植物生长缓慢，需要配套草种喷播技术	接近垂直的岩面或硬质地块、滑坡山崩工程
香根草	由香根草与其他根系相对发达的辅助草混合后，按正确的规划和设计种植，再通过专业化养护管理后，形成高密度的地上绿篱和地下高强度生物墙体	固土保水能力强抗冲刷能力强施工不受季节影响工程造价适中	地上绿篱较高、缺少草坪的景观效果不耐阴，不能与乔木套种	土质或破碎岩层不稳定边坡，表层土易形成冲沟和侵蚀，容易发生浅层滑坡和塌方的部位

7.2 "斥水土 + 植被"防护技术室内一维模型试验

7.2.1 试验材料

试验采用斥水土的制备过程及具体参数见第 2 章。

试验采用植被用土取自南昌某地，基本参数为：天然风干含水率 3.1%，饱和含水率 43.2%，最优含水率 21.5%，相对密度 2.67，液限 29.8%，塑限 14.8%，最大干密度 $1.73g/cm^3$，塑性指数 15，为低液限黏土。

根据南方气候条件，试验所用植物草种为百喜草、狗牙根和百慕大。百喜草具有繁殖能力强、生长速度快、抗逆性强等优点，并且耐寒、耐瘠薄、耐热、耐水淹和耐践踏。狗牙根具有较好的耐旱、耐热等特点，适应性好。百慕大叶片细腻柔软、密度适中，其根系发达，生长发育极为迅速，具有较强的耐旱和耐踏性。

圆柱采用 ϕ110mm × H250mm 的 PVC 管，PVC 管底部用透水纱布包裹固定，以防止土壤颗粒流失。

7.2.2 试验方案

为研究"斥水土 + 植被"防护技术的可行性，本节采用正交法设计了不同斥水土厚度、斥水土斥水度及草种的室内圆柱模型试验，具体见表 7.2-1。另外，还设计了 4 组不含斥水土的不同草种生长平行试验，用来对比斥水土覆盖效果。百喜草平行组编号为 1 和 2，狗牙根平行组编号为 3，百慕大平行组编号为 4。试验过程中定期观测植被长势及测定亲水性土壤的含水率，以获得不同斥水土覆盖条件下对植被生长影响的程度。土壤含水率测定采用便携式土壤水分仪 JK-300F（图 7.2-1）。为了消除试样不同初始状态对体积含水率的影响，本书将体积含水率进行了归一化处理，即每次实测体积含水率均除以初始体积含水率。

圆柱模型试验方案　　　　　　　　　　　　　　　　表 7.2-1

草种类型	十八烷基伯胺含量/%	斥水土层厚度/cm
百喜草	0.6	2
狗牙根	0.8	3
百慕大	1.0	4

注：试验采用正交设计方案，共计 27 组。

 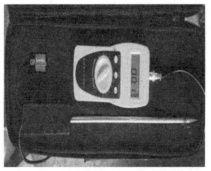

图 7.2-1　便携式土壤水分仪 JK-300F

7.2.3　试验步骤

7.2.3.1　试验模型制备

在 PVC 管内放置厚度为 18cm 的亲水性土壤，将 5g 草种均匀播撒于土壤表面后再覆盖约 2cm 的亲水性土壤。土壤初始含水率为 35%。然后在亲水性土壤上按照试验方案，覆盖不同厚度和十八烷基伯胺含量的斥水土，定期观测植被生长及测定亲水性土壤的含水率。圆柱模型制备流程见图 7.2-2。

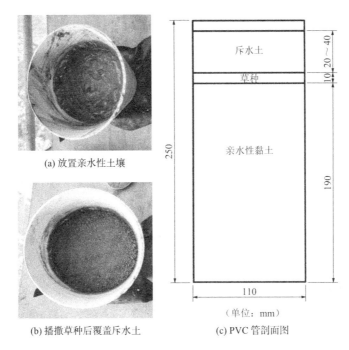

(a) 放置亲水性土壤

(b) 播撒草种后覆盖斥水土　　(c) PVC 管剖面图

图 7.2-2　圆柱模型制备流程

7.2.3.2　植被生长观测及土壤含水率测定

每天固定时间段通过拍照记录植被生长状况，做好对比分析。在测量一段时间后（加水时间为第 15d、35d 和 55d），往 PVC 底部的黑色塑胶盒内注水，保证水分从亲水性土壤底部持续浸入，满足作物生长所需水分。

7.2.4　试验结果分析

7.2.4.1　植物生长态势

三种植物生长发育情况如图 7.2-3 所示。图 7.2-3（a）为草种还未完全发芽，未覆盖斥水土。图 7.2-3（b）为已覆盖斥水土后 1 个月的长势，此时草种还未完全发育成型，草种叶片较为稀疏。图 7.2-3（c）为草种生长 2 个月后的长势，此时草种均枝叶茂盛，生长发育良好。由图 7.2-3（d）可以看出狗牙根、百慕大和百喜草三种草种，百喜草的长势最好，狗牙根其次，对比覆盖斥水土的试验组与覆盖普通红土的平行组，发现百喜草试验组中草种生长情况与平行组 1、2 并未有任何区别，狗牙根试验组中草种生长情况与平行组 3 并未有任何区别,百慕大试验组中草种生长情况与平行组 4 并未有任何区别。由图 7.2-3(e)可以看出,百慕大已有部分出现死亡,其中百慕大平行组 4 生长状态良好。狗牙根叶片只有极少部分出现泛黄与枯死,其中狗牙根平行组 3 生长状态良好。百喜草中试验组与平行组草种生长状态均依旧良好,并未出现死亡。

试验结果表明:(1)植物可以在覆盖斥水土的亲水性土壤上生长;(2)选择的三种试验草种中,百喜草最易存活,狗牙根其次,百慕大最难存活。在南方亚热带气候区,种植时可优先选择百喜草。

(a) 2020 年 6 月 29 日   (b) 2020 年 8 月 4 日

(c) 2020 年 9 月 4 日   (d) 2020 年 10 月 5 日

(e) 2020 年 11 月 2 日

图 7.2-3　三种植物的生长情况

在实际工程中,考虑到生态环境和谐美观和护坡效果的持续稳定,会对植被进行定期修剪。因此,进行了斥水土覆盖下裁剪植被部分根茎后的再生长试验。

植物裁剪后的生长过程如图 7.2-4 所示。图 7.2-4(a)为植物裁剪后的初始状态,只保留根部与少量茎部,可以看出此时部分百慕大与狗牙根已经枯萎,百喜草基本存活。图 7.2-4

（b）为第 24d 的长势，可以看出三种植物均已开始重新生长，百喜草试验组与平行组长势一致，且在三种草种中长势最佳，狗牙根其次，百慕大只有 2 组在 PVC 管中从新生长，一组为平行组，一组为试验组。图 7.2-4（c）为第 37d 的长势，观察到百慕大除 2 组之外，其余试验组已经全部死亡，百喜草试验组与平行组长势依旧良好。狗牙根试验组与平行组全部存活，但是生长状态欠佳，叶片枯黄。图 7.2-4（d）为第 68d 的长势，可以观察到部分狗牙根已经枯萎，剩余的与图 7.2-4（c）中的相比几乎不变。百慕大依旧存活 2 组，且生长状况不佳。百喜草长势渐好，基本未受影响，且平行组与试验组的长势没有明显差异。图 7.2-4（e）为第 95d 的长势，可以观察到狗牙根长势依旧不佳，部分试验组已经死亡，存活下来的试验组与平行组均发育不良。百慕大试验组与平行组已经全部死亡。百喜草试验组与平行组均长势茂盛，存活率高。图 7.2-4（f）为第 128d 的长势，总体上与图 7.2-4（e）中的长势一致，没有明显变化。

(a) 2020 年 12 月 1 日

(b) 2020 年 12 月 24 日

(c) 2021 年 1 月 6 日

(d) 2021 年 2 月 6 日

(e) 2021 年 3 月 5 日

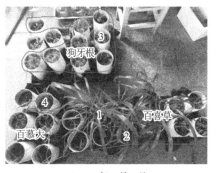

(f) 2021 年 4 月 7 日

图 7.2-4　三种植物裁剪后的生长情况

7.2.4.2　体积含水率

试验初期试样初始状态不尽相同，斥水土覆盖时土壤内部水分尚未达到平衡状态。因此，为了减小初始状态不同对试验结果的影响，本书选取首次吸水稳定时的状态作为试样初始状态。待所有试样吸水稳定后，进行了 3 次"吸水—稳定—失水—稳定"的循环，以获得斥水土覆盖条件下亲水性土壤含水率变化规律。本书将不同循环过程的体积含水率与初始状态的含水率进行对比。数据为正表明含水率降低，为负则表明增大。不同条件下亲水性土壤的体积含水率与历时关系见图 7.2-5，其中图 7.2-5（c）、图 7.2-5（f）部分数据缺失是由于十八烷基伯胺含量为 1% 的斥水土覆盖后，百慕大已全部死亡，故没有相关数据。斥水土厚度为 4cm 时的百慕大亦无法有效生长，故此部分数据也缺失。具体分析如下。

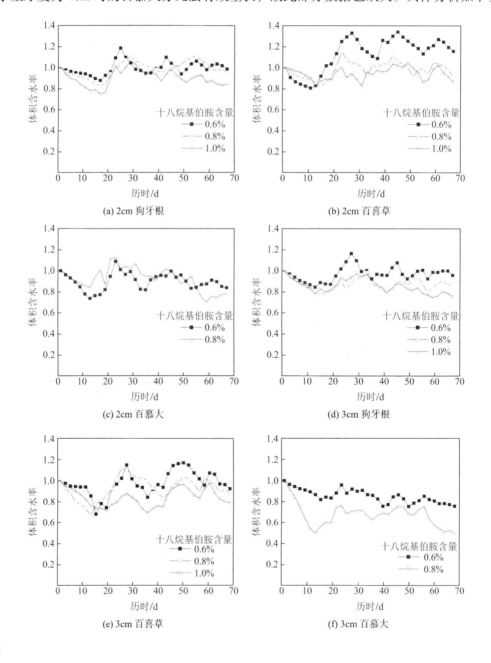

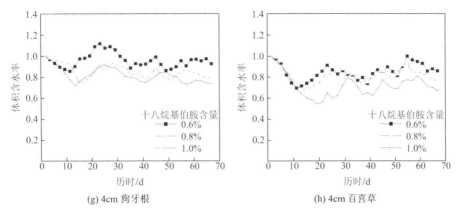

(g) 4cm 狗牙根　　　　　　　　　　　(h) 4cm 百喜草

图 7.2-5　"斥水土 + 植被"一维模型试验中体积含水率与历时关系

1）不同斥水度的影响

从图 7.2-5 中可以看出，土壤含水率初始值较高，在第 15d 达到首次最低值，在第 27d 达到首次最高值。在第 35d 达到第二次最低值，在第 46d 到达第二次最高值。在第 53d 达到第三次最低值，在第 63d 达到第三次最高值。具体如下。

斥水土覆盖 2cm、种植狗牙根情况下，当十八烷基伯胺含量为 0.6%时，第 2、3 次循环过程时的亲水性土壤含水率最大变幅分别为 0.238 和 0.159，最大差值分别为 0.055 和 0.064。当十八烷基伯胺含量为 0.8%时，第 2、3 次循环过程时的亲水性土壤含水率最大变幅分别为 0.154 和 0.134，最大差值分别为 0.051 和 0.030。当十八烷基伯胺含量为 1%时，第 2、3 次循环过程时的亲水性土壤含水率最大变幅分别为 0.189 和 0.121，最大差值分别为 0.131 和 0.142。

斥水土覆盖 2cm、种植百喜草情况下，当十八烷基伯胺含量为 0.6%时，第 2、3 次循环过程时的亲水性土壤含水率最大变幅分别为 0.254 和 0.208，最大差值分别为−0.089 和 −0.135。当十八烷基伯胺含量为 0.8%时，第 2、3 次循环过程时的亲水性土壤含水率最大变幅分别为 0.235 和 0.203，最大差值分别为 0.078 和 0.06。当十八烷基伯胺含量为 1%时，第 2、3 次循环过程时的亲水性土壤含水率最大变幅分别为 0.222 和 0.187，最大差值分别为 0.171 和 0.136。

斥水土覆盖 2cm、种植百慕大情况下，当十八烷基伯胺含量为 0.6%时，第 2、3 次循环过程时的亲水性土壤含水率最大变幅分别为 0.271 和 0.164，最大差值分别为 0.182 和 0.168。当十八烷基伯胺含量为 0.8%时，第 2、3 次循环过程时的亲水性土壤含水率最大变幅分别为 0.222 和 0.311，最大差值分别为 0.095 和 0.296。

斥水土覆盖 3cm、种植狗牙根情况下，当十八烷基伯胺含量为 0.6%时，第 2、3 次循环过程时的亲水性土壤含水率最大变幅分别为 0.24 和 0.152，最大差值分别为 0.076 和 0.076。当十八烷基伯胺含量为 0.8%时，第 2、3 次循环过程时的亲水性土壤含水率最大变幅分别为 0.19 和 0.155，最大差值分别为 0.205 和 0.201。当十八烷基伯胺含量为 1%时，第 2、3 次循环过程时的亲水性土壤含水率最大变幅分别为 0.182 和 0.13，最大差值分别为 0.209 和 0.249。

斥水土覆盖 3cm、种植百喜草情况下，当十八烷基伯胺含量为 0.6%时，第 2、3 次循环过程时的亲水性土壤含水率最大变幅分别为 0.297 和 0.205，最大差值分别为 0.152 和 0.039。当十八烷基伯胺含量为 0.8%时，第 2、3 次循环过程时的亲水性土壤含水率最大变幅分别为 0.278 和 0.142，最大差值分别为 0.164 和 0.108。当十八烷基伯胺含量为 1%时，第 2、3 次循环过程时的亲水性土壤含水率最大变幅分别为 0.265 和 0.127，最大差值分别为 0.298 和 0.161。

斥水土覆盖 3cm、种植百慕大情况下，当十八烷基伯胺含量为 0.6%时，第 2、3 次循环过程时的亲水性土壤含水率最大变幅分别为 0.197 和 0.108，最大差值分别为 0.238 和 0.24。当十八烷基伯胺含量为 0.8%时，第 2、3 次循环过程时的亲水性土壤含水率最大变幅分别为 0.134 和 0.08，最大差值分别为 0.367 和 0.319。

斥水土覆盖 4cm、种植狗牙根情况下，当十八烷基伯胺含量为 0.6%时，第 2、3 次循环过程时的亲水性土壤含水率最大变幅分别为 0.232 和 0.129，最大差值分别为 0.116 和 0.14。当十八烷基伯胺含量为 0.8%时，第 2、3 次循环过程时的亲水性土壤含水率最大变幅分别为 0.157 和 0.120，最大差值分别为 0.230 和 0.237。当十八烷基伯胺含量为 1%时，第 2、3 次循环过程时的亲水性土壤含水率最大变幅分别为 0.171 和 0.117，最大差值分别为 0.256 和 0.272。

斥水土覆盖 4cm、种植百喜草情况下，当十八烷基伯胺含量为 0.6%时，第 2、3 次循环过程时的亲水性土壤含水率最大变幅分别为 0.176 和 0.186，最大差值分别为 0.267 和 0.190。当十八烷基伯胺含量为 0.8%时，第 2、3 次循环过程时的亲水性土壤含水率最大变幅分别为 0.17 和 0.161，最大差值分别为 0.293 和 0.233。当十八烷基伯胺含量为 1%时，第 2、3 次循环过程时的亲水性土壤含水率最大变幅分别为 0.167 和 0.123，最大差值分别为 0.377 和 0.316。

2）不同覆盖厚度的影响

十八烷基伯胺含量为 0.6%、种植狗牙根情况下，当覆盖厚度为 2cm 时，第 2、3 次循环过程时的亲水性土壤含水率最大变幅分别为 0.238 和 0.159，最大差值分别为 0.055 和 0.064。当覆盖厚度为 3cm 时，第 2、3 次循环过程时的亲水性土壤含水率最大变幅分别为 0.240 和 0.152，最大差值分别为 0.076 和 0.076。当覆盖厚度为 4cm 时，第 2、3 次循环过程时的亲水性土壤含水率最大变幅分别为 0.232 和 0.129，最大差值分别为 0.116 和 0.140。

十八烷基伯胺含量为 0.6%、种植百喜草情况下，当覆盖厚度为 2cm 时，第 2、3 次循环过程时的亲水性土壤含水率最大变幅分别为 0.241 和 0.208，最大差值分别为 −0.089 和 −1.134。当覆盖厚度为 3cm 时，第 2、3 次循环过程时的亲水性土壤含水率最大变幅分别为 0.297 和 0.205，最大差值分别为 0.152 和 0.039。当覆盖厚度为 4cm 时，第 2、3 次循环过程时的亲水性土壤含水率最大变幅分别为 0.176 和 0.186，最大差值分别为 0.267 和 0.19。

十八烷基伯胺含量为 0.6%、种植百慕大情况下，当覆盖厚度为 2cm 时，第 2、3 次循环过程时的亲水性土壤含水率最大变幅分别为 0.271 和 0.164，最大差值分别为 0.182 和 0.168。当覆盖厚度为 3cm 时，第 2、3 次循环过程时的亲水性土壤含水率最大变幅分别为 0.197 和 0.108，最大差值分别为 0.238 和 0.24。

十八烷基伯胺含量为 0.8%、种植狗牙根情况下，当覆盖厚度为 2cm 时，第 2、3 次循环过程时的亲水性土壤含水率最大变幅分别为 0.154 和 0.137，最大差值分别为 0.051 和 0.03。当覆盖厚度为 3cm 时，第 2、3 次循环过程时的亲水性土壤含水率最大变幅分别为

0.19 和 0.145，最大差值分别为 0.205 和 0.201。当覆盖厚度为 4cm 时，第 2、3 次循环过程时的亲水性土壤含水率最大变幅分别为 0.157 和 0.120，最大差值分别为 0.230 和 0.237。

十八烷基伯胺含量为 0.8%、种植百喜草情况下，当覆盖厚度为 2cm 时，第 2、3 次循环过程时的亲水性土壤含水率最大变幅分别为 0.238 和 0.203，最大差值分别为 0.079 和 0.09。当覆盖厚度为 3cm 时，第 2、3 次循环过程时的亲水性土壤含水率最大变幅分别为 0.278 和 0.142，最大差值分别为 0.164 和 0.108。当覆盖厚度为 4cm 时，第 2、3 次循环过程时的亲水性土壤含水率归一值最大变幅分别为 0.170 和 0.61，最大差值分别为 0.293 和 0.233。

十八烷基伯胺含量为 0.8%、种植百慕大情况下，当覆盖厚度为 2cm 时，第 2、3 次循环过程时的亲水性土壤含水率最大变幅分别为 0.222 和 0.139，最大差值分别为 0.095 和 0.134。当覆盖厚度为 3cm 时，第 2、3 次循环过程时的亲水性土壤含水率最大变幅分别为 0.134 和 0.08，最大差值分别为 0.367 和 0.319。

十八烷基伯胺含量为 1.0%、种植狗牙根情况下，当覆盖厚度为 2cm 时，第 2、3 次循环过程时的亲水性土壤含水率最大变幅分别为 0.19 和 0.121，最大差值分别为 0.131 和 0.142。当覆盖厚度为 3cm 时，第 2、3 次循环过程时的亲水性土壤含水率最大变幅分别为 0.182 和 0.130，最大差值分别为 0.208 和 0.249。当覆盖厚度为 4cm 时，第 2、3 次循环过程时的亲水性土壤含水率最大变幅分别为 0.171 和 0.117，最大差值分别为 0.256 和 0.272。

十八烷基伯胺含量为 1.0%、种植百喜草情况下，当覆盖厚度为 2cm 时，第 2、3 次循环过程时的亲水性土壤含水率最大变幅分别为 0.222 和 0.187，最大差值分别为 0.171 和 0.136。当覆盖厚度为 3cm 时，第 2、3 次循环过程时的亲水性土壤含水率最大变幅分别为 0.265 和 0.138，最大差值分别为 0.298 和 0.161。当覆盖厚度为 4cm 时，第 2、3 次循环过程时的亲水性土壤含水率最大变幅分别为 0.166 和 0.123，最大差值分别为 0.377 和 0.316。

综上可以看出：（1）十八烷基伯胺含量越高、斥水土覆盖厚度越厚时，亲水性土壤含水率变化幅度越小，越有利于亲水性土壤水分保持和植被生长，降低亲水性土壤含水率的效果越显著。斥水土壤覆盖越厚，亲水性土壤中的水分越难渗入斥水土。（2）当斥水土覆盖厚度为 2cm、十八烷基伯胺含量为 0.6%时，优选百慕大，十八烷基伯胺含量为 0.8%、1.0%时，优选狗牙根；当斥水土覆盖厚度为 3cm、十八烷基伯胺含量为 0.6%、0.8%时，优选百慕大，十八烷基伯胺含量为 1.0%时，优选狗牙根；当覆盖厚度为 4cm、十八烷基伯胺含量为 0.6%时，优选狗牙根，十八烷基伯胺含量为 0.8%、1.0%时，优选百喜草。（3）大部分覆盖厚度为 2cm 的含水率到试验中期之后都比初始含水率高。极少部分覆盖厚度为 3cm 的含水率在试验结束后比初始含水率高，所有覆盖厚度为 4cm 的含水率到试验后期都比初始含水率低，这表明覆盖斥水土可以有效控制亲水性土壤含水率，斥水土的保水效果越明显。根据本书试验结果可知，斥水土覆盖厚度为 4cm、十八烷基伯胺含量为 1%时，可有效控制亲水性土壤的含水率，达到保水效果。

3）无斥水土覆盖的影响

为了进一步评价斥水土覆盖效果，同时进行了无斥水土覆盖下的平行试验。试验植被为百喜草和狗牙根，除了没有斥水土覆盖外，其余条件均与前述试验一致。试验结果见图 7.2-6。由于该试验是在之前试验基础上进行的，因此斥水土覆盖时土壤内部水分已达到平衡状态，本节所选初始状态为试验第 1d。所有试样均经历了 3 次"吸水—稳定—失水—稳定"循环过程，为了比较覆盖斥水土与不覆盖斥水土对亲水性土壤含水率的影响，本节将不同循环过程的含水率与初始状态的含水率进行对比。

（1）狗牙根平行试验对比结果分析

根据图 7.2-6（a），未覆盖斥水土的平行组，第 1、2、3 次循环过程时的亲水性土壤含水率最大差值分别为 0.085、0.102、0.084。覆盖斥水土的试验组，第 1、2、3 次循环过程时的亲水性土壤含水率最大差值范围分别为 0.118~0.277、0.16~0.312、0.109~0.280。总体上看，覆盖斥水土的试验组亲水性土壤含水率比未覆盖时低。

（2）百喜草平行试验对比结果分析

根据图 7.2-6（b），未覆盖斥水土的平行组，第 1、2、3 次循环过程时的亲水性土壤含水率最大差值范围分别为 0.084~0.108、0.05~0.087、−0.03~−0.013。覆盖斥水土的试验组，第 1、2、3 次循环过程时的亲水性土壤含水率最大差值范围分别为 0.185~0.278、0.137~0.261、0.075~0.186。总体上看，覆盖斥水土的试验组亲水性土壤含水率比未覆盖时低。

综上所述，不覆盖斥水土时的亲水性土壤的含水率较高，变化幅度也较大，受外界因素影响较明显。覆盖斥水土的亲水性土壤含水率要低于不覆盖时的含水率，变化幅度较小，表明斥水土的覆盖可以有效控制亲水性土壤含水率，且不影响植被正常生长。

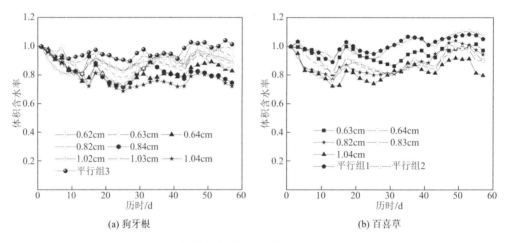

(a) 狗牙根　　　　　　　　　　　　(b) 百喜草

图 7.2-6　平行试验结果对比

7.3 "斥水土＋植被"防护技术室内边坡模型试验

上述章节开展了"斥水土＋植被"防护技术的室内一维模型试验，获得了斥水土对亲水性土壤含水率的影响、斥水土最优覆盖厚度及适合的植被类型。在实际工程中，植被生长环境较为复杂，植被之间生长会互相影响，斥水土覆盖效果是否真正有效有待进一步检验。据此，本节开展了"斥水土＋植被"防护技术的土质边坡室内模型试验，获得了斥水土覆盖下植被生长态势及边坡土壤含水率等变化规律，建议了"斥水土＋植被"防护技术的一般实施要点，为工程应用提供试验参考。

7.3.1 试验材料

试验所用土料、草种、斥水剂等与第 7.2 节完全一致，斥水土中的十八烷基伯胺含量为 1%。考虑到边坡模型尺寸比室内一维模型尺寸大，本节采用了埋入式测量探头来实时监测边坡土壤含水率。同时为了验证含水率探头数据的有效性，同时在不同位置布置了电导探头，用以监测相应的电导率。具体仪器设备见图 7.3-1。模型箱采用钢质材料焊接而成，尺寸为 1.5m×1.0m×1.5m（长×宽×高），见图 7.3-2。

(a) 土壤水分传感器　　　　　　　　　　　(b) 含水率测定仪

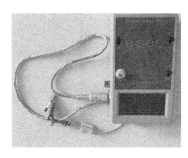

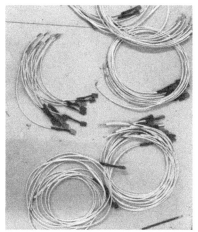

(c) 导电率测量仪　　　　　　　　　　　(d) 导线与电导率探头

图 7.3-1　含水率和电导率测试仪器

图 7.3-2　模型箱外观

7.3.2 试验方案与步骤

考虑到模型尺寸的影响，在上节试验结果基础上，本节只开展了不同植被生长下的室内试验。斥水土覆盖厚度统一为40mm，十八烷基伯胺含量为1%。边坡高度500mm，坡比为1:1，其中在不同平面和深度位置布置了含水率探头和电导探头，具体见图7.3-3。

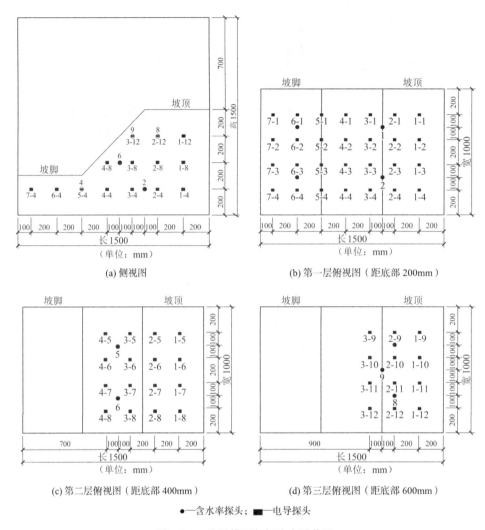

(a) 侧视图

(b) 第一层俯视图（距底部200mm）

(c) 第二层俯视图（距底部400mm）

(d) 第三层俯视图（距底部600mm）

●—含水率探头；■—电导探头

图 7.3-3　边坡模型与探头布设位置

图7.3-4为各层探头布置位置。首先在模型箱内铺设一层20cm厚的亲水性土壤，并在表层上放置含水率探头和电导率探头，如图7.3-4（a）所示。随后再铺设一层10cm厚的亲水性土壤形成边坡底面，坡底面厚30cm。其次在距离坡底前缘50cm处修筑坡面，坡比为1:1。在坡面高度10cm处放置第二层含水率探头和电导率探头，如图7.3-4（b）所示。随后继续覆盖20cm厚的亲水性土壤，并放置第三层含水率探头和电导率探头，如图7.3-4（c）所示。最后继续覆盖20cm厚的亲水性土壤，形成坡顶面，此时模型边坡制备完成，如图7.3-5所示。

边坡建造好后，将该坡分为3个区域，编号为Ⅰ、Ⅱ和Ⅲ，并在土壤表层均匀覆盖植被种子与土壤的混合物，厚度约 5cm。其中编号 Ⅰ 种植百喜草，编号 Ⅱ 种植狗牙根，编号 Ⅲ 种植百慕大。百喜草种植区域为 30cm，狗牙根种植区域为 40cm，百慕大种植区域为 30cm，见图 7.3-6。种植完成后，通过人工方式对坡体实施降水，以利于植被生长，坡面见少量积水时停止降水。在本试验中，降水次数为 4 次，每次降水间隔 25d，即降水时间分别为第 1d、第 26d、第 51d 和第 76d。第 60d 在土层表面覆盖 4cm 厚的天然风干斥水土。定期观察植被生长情况和监测土壤含水率和电导率变化规律。

(a) 第一层布置　　　　(b) 第二层布置　　　　(c) 第三层布置

图 7.3-4　各层探头布置位置

图 7.3-5　边坡最终形态　　图 7.3-6　植被种植区域分布

7.3.3　试验结果与分析

7.3.3.1　植被生长情况

图 7.3-7（a）为植被第 20d 的生长情况。可以看出，受外界因素影响，图中只有在坡顶处和部分坡腰处有植被存活，且以百喜草为主。其余植被暂时未见生长。

图 7.3-7（b）为植被第 50d 的生长情况。可以看出，Ⅱ 区域内基本上不见植被生长，

表明此环境下不利于狗牙根的生长。相对于百慕大、百喜草的生长态势明显较好，植被茂密。坡底处三种草种生长均不理想，主要原因在于坡底处为水量汇集区，土壤含水率较高，不利于植被生长。

图 7.3-7（c）为植被第 75d 的生长情况。可以看出，斥水土覆盖后，狗牙根整体上基本枯萎，部分百喜草与百慕大在Ⅱ区域内生长。百喜草与百慕大的长势依旧良好，基本不受斥水土覆盖的影响。

图 7.3-7（d）为植被第 120d 的生长情况。可以看出，百喜草与百慕大生长范围进一步扩大，生长茂密，基本上将边坡表面覆盖。百喜草有朝着Ⅲ区域生长的趋势，说明百喜草的适应性更好。

综上所述，在"斥水土＋植被"防护技术中的植被选择上，百喜草的存活率高、长势良好、适应性好，斥水土的覆盖基本不影响百喜草的生长，是该技术中植被的优选品种。

(a) 第 20d

(b) 第 50d

(c) 第 75d

(d) 第 120d

图 7.3-7　边坡表面植被生长态势

7.3.3.2　含水率

图 7.3-8 为边坡土体含水率随时间关系曲线。具体分析如下。

图 7.3-8（a）为第一层含水率探头测试数据。可以看出，未覆盖斥水土时，在第一次和第二次降雨后，1、2、3 和 4 号位置的体积含水率最大值的平均值分别为 0.971 和 0.824，

和降雨当天相比，分别增大了 0.165 和 0.272，增幅分别为 16.9% 和 33.6%。覆盖斥水土后，经历了第三次和第四次降雨后，1、2、3 和 4 号位置的体积含水率持续下降，降雨当天的平均值分别为 0.603 和 0.481，比降雨结束后第一天的平均值分别增加了 0.018 和 0.007，降幅分别为 2.9% 和 1.5%。

图 7.3-8（b）为第二层含水率探头测试数据。可以看出，未覆盖斥水土时，第一次和第二次降雨后，5、6 号位置体积含水率值最大值的平均值分别为 0.979 和 0.807，和降雨当天相比，分别增大了 0.200 和 0.239，增幅分别为 20.4% 和 29.6%。覆盖斥水土后，经历了第三次和第四次降雨后，5、6 号位置的体积含水率持续下降，降雨当天的平均值分别为 0.543 和 0.430，比降雨结束后第一天的平均值分别增加了 0.040 和 0.010，降幅分别为 7.4% 和 2.3%。

图 7.3-8（c）为第三层含水率探头测试数据。可以看出，未覆盖斥水土前，第一次和第二次降雨后，7、8 和 9 号位置体积含水率最大值的平均值分别为 0.977 和 0.867，和降雨当天相比，分别增大了 0.218 和 0.325，增幅分别为 22.3% 和 37.5%。覆盖斥水土后，经历了第三次和第四次降雨后，7、8 和 9 号位置的体积含水率持续下降，降雨当天的平均值分别为 0.542 和 0.411，比降雨结束后第一天的平均值分别增大了 0.013 和 0.012，降幅分别为 2.4% 和 2.9%。

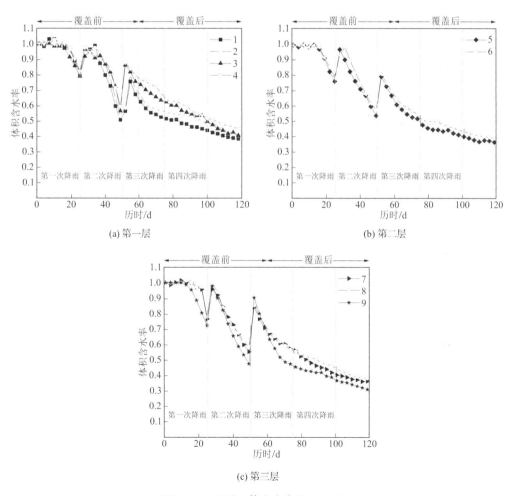

(a) 第一层

(b) 第二层

(c) 第三层

图 7.3-8　边坡土体含水率随时间关系

综上所述，边坡表面覆盖斥水土能减缓土壤水分的流失，保持土壤水分稳定。前 15d 内体积含水率基本保持不变，然后开始下降，第 25d 时达到第一次最低值。随后进行人工降雨，第 3d 至第 6d 后达到第二次最高值。随着水分蒸发与植物蒸腾作用的进行，土壤含水率持续下降，在第 50d 左右达到第二次最低值。随后再次进行降雨，降雨后第 3d 至第 6d 达到第二次最高值。在第 60d 覆盖 4cm 厚斥水土后，土壤体积含水率随时间依旧持续下降，但下降速率明显变缓且后期再次降雨对土壤水分影响不大，表明斥水土起到了保水保湿效果。

7.3.3.3 电导率

图 7.3-9 为电导率归一值与时间关系。由于第一层电导率探头在试验过程中受扰动严重，数据离散性大，没有明显规律，故此处不作分析。图 7.3-9（a）为第二层电导率随时间变化关系，其中 1-5/2-5 为种植百喜草土壤下的电导率，4-5/4-6 为百喜草与狗牙根交界处的电导率，2-7/3-7 至 3-7/4-7 为种植狗牙根处的电导率，1-7/1-8 至 4-7/4-8 为狗牙根与百慕大交界处的电导率，1-8/2-8 至 3-8/4-8 为种植百慕大处的电导率。图 7.3-9（b）为第三层电导率随时间变化关系，其中 1-9/2-9、2-9/3-9 为种植百喜草土壤下的电导率，1-9/1-10 至 3-9/3-10 为百喜草与狗牙根交界处的电导率，1-10/2-10 至 2-11/3-11 为种植狗牙根处的电导率，1-11/1-12、3-11/3-12 为狗牙根与百慕大交界处的电导率，1-12/2-12、2-12/3-12 为种植百慕大处的电导率。可以看出，随着试验的进行，两层电导率的变化规律基本一致。狗牙根处的电导率均大于其他植被处的电导率，种植百慕大处的电导率与百喜草处的相似，但总体上看百慕大处的电导率比百喜草处的小，狗牙根和百慕大、百喜草和狗牙根相交处的电导率介于狗牙根与百慕大之间的电导率。覆盖斥水土前所有植被处的电导率降幅均远大于覆盖斥水土后的降幅；电导率趋于平稳时，狗牙根处的电导率最高，百慕大处的电导率最低，百喜草处的电导率略高于百慕大处的电导率。

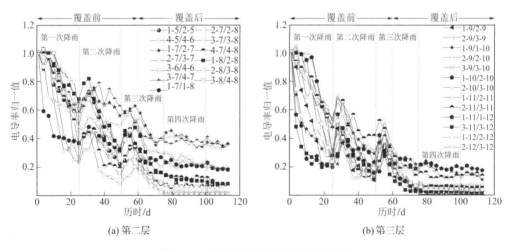

图 7.3-9　边坡土体电导率随时间关系

7.4 "斥水土+植被"防护技术实施要点

前述章节开展了"斥水土+植被"防护技术相关试验，获得了植被生长态势与土壤含水率、电导率变化规律, 取得了较好的防护效果, 表明"斥水土 + 植被"防护技术具有一定的可行性。据此, 本书建议了"斥水土 + 植被"防护技术实施要点, 为今后深入研究和工程应用提供参考。建议施工流程见图 7.4-1, 建议防护结构见图 7.4-2。具体步骤建议如下。

图 7.4-1　"斥水土 + 植被"生态护坡技术施工流程

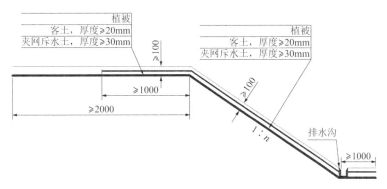

图 7.4-2　"斥水土 + 植被"生态防护结构示意图（单位: mm）

（1）将边坡整平刷坡后, 根据设计要求预先修砌排水系统, 暂不浇筑成型。具体刷坡形式有台阶状、锯齿状等, 目的在于增强斥水土与坡面咬合度, 提高整体性。

（2）将镀锌菱形金属网或高强塑料土工网等材料自上而下铺展并固定。相邻金属网或土工网分别用铁丝或 U 形钢筋连接, 两网交接处应重叠且不小于 5cm。网与坡面之间按一定间距均匀放置硬垫块, 使网悬于坡面之上不小于 2cm, 以保证斥水土覆盖厚度满足设计要求。坡顶后缘网面延伸至截水沟外侧不小于 2m, 坡脚前缘网面延伸至截水沟外侧不小于 1m。

（3）将人工斥水土与水搅拌配成软塑态混合物后均匀喷播在整个网面上, 厚度不小于 3cm, 密实度不低于 80%。

（4）采用水泥砂浆或混凝土浇筑排水系统, 转角处做圆弧形处理。具体要求按照现行《建筑边坡工程技术规范》GB 50330 设计施工。

（5）将调制好的客土喷播至斥水土层上, 厚度不小于 2cm, 密实度不低于 80%。

（6）将种子与缓释肥等材料搅拌成泥浆后均匀喷播至客土表面。种子类型宜适合当地气候, 非必要不选外来物种。

（7）采用无纺布等材料覆盖在喷播面上，定期浇水养护至植被正常生长。

7.5 本章小结

本章主要开展了"斥水土＋植被"防护技术的室内一维圆柱试验和边坡模型试验，监测了不同植被生长态势和亲水性土壤的含水率和电导率变化规律，探讨了"斥水土＋植被"防护技术的实施流程和要点。主要结论如下：

（1）植被可在斥水土覆盖条件下生长。

（2）亲水性土壤上覆盖斥水土可以有效控制亲水性土壤含水率，起到保水保湿效果，有利于植被生长。

（3）斥水土斥水度越大、覆盖厚度越厚时，亲水性土壤含水率变幅越小，越有利于亲水性土壤水分保持和植被生长，控制亲水性土壤含水率的效果越显著。土壤含水率变幅越小，其工程性能越稳定，有利于工程建设。

（4）在本章试验条件下，推荐覆盖斥水土厚度为 4cm，斥水土中十八烷基伯胺含量为 1%，草种为百喜草。

参考文献

[1] 周德培，张俊云.植被护坡工程技术[M].北京：人民交通出版社，2003.

[2] 周云艳，陈建平，王晓梅.植物根系固土护坡机理的研究进展及展望[J].生态环境学报，2012(6)：1171-1177.

[3] 熊燕梅，夏汉平，李志安，等.植物根系固坡抗蚀的效应与机理研究进展[J].应用生态学报，2007(4)：895-904.

[4] 刘俊.植物根系分布对边坡稳定性的影响[J].人民珠江，2020，41(4)：140-145.

[5] 杨亚龙.斥水程度和斥水层深度对土壤入渗特性的影响[D].咸阳：西北农林科技大学，2021.

[6] 周德培，张俊云.植被护坡工程技术[M].北京：人民交通出版社，2003.

[7] 周云艳，陈建平，王晓梅.植物根系固土护坡机理的研究进展及展望[J].生态环境学报，2012(6)：1171-1177.

[8] 熊燕梅，夏汉平，李志安，等.植物根系固坡抗蚀的效应与机理研究进展[J].应用生态学报，2007(4)：895-904.

[9] 刘俊.植物根系分布对边坡稳定性的影响[J].人民珠江，2020，41(4)：140-145.

[10] Norrdin A R.Bioengineering to ecoengineering, Partone:the manyname[J].International Group of Bioengineers news letter, 1993(3): 15-18.

[11] 景志远，张春禹，张姣，等.生态防护在公路边坡防护中的应用[J].交通标准化，2014，42(3)：7-10.

[12] 李旭光，毛文碧，徐福有.日本的公路边坡绿化与防护——1994 年赴日本考察报告[J].公路交通科技，1995(2)：59-64.

[13] 章林平.CF 网植草喷播生态防护技术在山区公路边坡防护中的应用[J].江西建材，2021(8)：136-137+139.

[14]　黄骠屹, 周伟, 蒋定然, 等.云南广那高速公路岩质边坡植被修复及三联生态防护与传统圬工防护功
效性价比较研究[J].公路交通科技(应用技术版), 2020, 16(10): 146-148.

[15]　康晚英, 康宏志, 秦根泉.新型生态边坡治理技术在浯溪口水利工程中的组合应用[J].湖南水利水电,
2021(2): 97-99.

[16]　田小光.植物在高速公路边坡防护中的应用[J].建筑技术开发, 2017, 44(7): 126-127.

[17]　侯阳.我国公路边坡绿化建设分析[J].沈阳农业大学学报(社会科学版), 2017, 19(2): 231-236.

[18]　田小光.植物在高速公路边坡防护中的应用[J].建筑技术开发, 2017(7): 126-127.

[19]　张攀, 徐永福, 武孝天.植物根系吸水对边坡稳定性的影响[J].长江科学院院报, 2020, 37(8): 120-125.

[20]　于福臣.水利工程中河道生态护坡施工技术[J].科学技术创新, 2020(22): 113-114.

[21]　叶小金.河道生态护坡技术的比选研究[J].珠江水运, 2019(13): 104-105.